建筑工人岗位培训教材

建筑工人安全生产知识

本书编审委员会　编写
郝华文　主编

中国建筑工业出版社

图书在版编目(CIP)数据

建筑工人安全生产知识/《建筑工人安全生产知识》编审委员会编写. —北京：中国建筑工业出版社，2018.7(2021.3重印)
建筑工人岗位培训教材
ISBN 978-7-112-22343-5

Ⅰ.①建… Ⅱ.①建… Ⅲ.①建筑工程-工程施工-安全技术-岗位培训-教材 Ⅳ.①TU714

中国版本图书馆CIP数据核字(2018)第126694号

本书根据住房和城乡建设部发布的行业标准《建筑工程施工职业技能标准》JGJ/T 314—2016、《建筑工程安装职业技能标准》JGJ/T 306—2016、《建筑装饰装修职业技能标准》JGJ/T 315—2016和现行国家标准、规范组织编写。本书是工人教材通用教材，内容包括建筑工人需要掌握和熟悉的安全生产基本常识、法律法规、生产防护知识、消防安全知识、安全用电知识、高处作业安全知识、急救知识、文明施工、职业健康知识和常见安全事故等内容，本书文字通俗易懂、逻辑清晰、表述规范，图文并茂，知识点无歧义。

本书可供建筑工人培训使用。

责任编辑：高延伟　李　明　李　慧
责任校对：焦　乐

建筑工人岗位培训教材
建筑工人安全生产知识
本书编审委员会　编写
郝华文　主编
*
中国建筑工业出版社出版、发行（北京海淀三里河路9号）
各地新华书店、建筑书店经销
北京红光制版公司制版
北京建筑工业印刷厂印刷
*
开本：850×1168毫米　1/32　印张：8⅞　字数：236千字
2018年9月第一版　2021年3月第二次印刷
定价：**30.00**元
ISBN 978-7-112-22343-5
(32236)

建筑工人岗位培训教材
编审委员会

出版说明

国家历来高度重视产业工人队伍建设，特别是党的十八大以来，为了适应产业结构转型升级，大力弘扬劳模精神和工匠精神，根据劳动者不同就业阶段特点，不断加强职业素质培养工作。为贯彻落实国务院印发的《关于推行终身职业技能培训制度的意见》（国发〔2018〕11号），住房和城乡建设部《关于加强建筑工人职业培训工作的指导意见》（建人〔2015〕43号），住房和城乡建设部颁发的《建筑工程施工职业技能标准》、《建筑工程安装职业技能标准》、《建筑装饰装修职业技能标准》等一系列职业技能标准，以规范、促进工人职业技能培训工作。本书编审委员会以《职业技能标准》为依据，组织全国相关专家编写了《建筑工人岗位培训教材》系列教材。

依据《职业技能标准》要求，职业技能等级由高到低分为：五级、四级、三级、二级、一级，分别对应初级工、中级工、高级工、技师、高级技师。本套教材内容覆盖了五级、四级、三级（初级、中级、高级）工人应掌握的知识和技能。二级、一级（技师、高级技师）工人培训可参考使用。

本系列教材内容以够用为度，贴近工程实践，重点突出了对操作技能的训练，力求做到文字通俗易懂、图文并茂。本套教材可供建筑工人开展职业技能培训使用，也可供相关职业院校实践教学使用。

为不断提高本套教材的编写质量，我们期待广大读者在使用后提出宝贵意见和建议，以便我们不断改进。

本书编审委员会

2018 年 6 月

前　言

本书根据住房和城乡建设部发布的行业标准《建筑工程施工职业技能标准》JGJ/T 314—2016、《建筑装饰装修职业技能标准》JGJ/T 315—2016、《建筑工程安装职业技能标准》JGJ/T 306—2016及最新行业标准、规范，结合建筑工人职业技能培训工作发展需要组织编写。

本书作为建筑工人职业技能培训教材之一。全书对建筑工人安全作业必须掌握的安全生产基础知识进行了详细阐述，内容全面、系统，文字简练，全书共十章，具体内容包括：建筑施工安全生产基本知识、安全生产防护用品、施工现场安全标志、高处作业安全知识、施工现场消防安全知识、施工现场安全用电知识、施工现场急救、文明施工与职业卫生、建筑施工安全事故、特殊环境下安全施工。为拓展知识面和加强学习，本书在每个章节配备适量的习题基础上还增加了与建筑工人切身相关的法律法规节选和部分施工现场安全标志。

本书由安徽省建设干部学校牵头，池州职业技术学院郝华文担任主编，负责全书的编写和稿件审定工作。池州市建设工程质量安全监督局乔伟编写第一、二章；池州市工程建设监理有限公司徐同庆编写第三、四章；阶梯项目咨询有限公司叶少来编写第五、六章，江南产业集中区管委会凌爱友编写第七、八章；本书编写组成员集体编写第九章；江苏省城市规划设计研究院程亚午编写第十章并绘制了部分插图。本书在编写过程中得到了仝茂祥总工的悉心指导，另为使本书做到图文并茂，激发建筑人员学习热情和兴趣，编写组成员借鉴了较多他人优秀成果和资源，在此一并向原作者表示感谢。

本书仍有较多不足与瑕疵，希望广大读者批评与指正。

本书除作为建筑工人职业技能培训教材外，还可作为大、中专院校土建类专业教学用书以及安全生产、安全管理、安全监督人员学习和参考用书。

目　　录

一、建筑施工安全生产基本知识

安全生产是建筑业发展的根本要求之一，必须牢固树立安全意识，保障工程安全是一切工作的出发点和立足点。建筑施工的特点决定了建筑业具有产品的单件性、生产过程的复杂性、类型的多样性、生产的流动性、高危险性和事故多发性，这些因素都导致施工安全生产过程中的不确定性，施工过程、工作环境必然是多变状态，安全事故也容易发生。同时，建筑施工露天和高处作业较多，手工劳动及繁重体力劳动较多，而劳动者素质又参差不齐，这些都增加了不安全因素。

因此，提高从业人员的安全生产意识和技能，增强正确的安全作业价值观已成为整个行业刻不容缓的工作。

（一）安全生产知识概述

建筑业是一个事故多发的行业，通过了解、预测、分析、掌握各种危险源、提前采取防范措施，预防事故的发生，减少或降低事故对人的伤害或物的损失程度，对提高建筑业安全管理水平，保障从业人员的生命安全意义重大。

1. 安全生产有关概念

（1）安全的三要素

人——安全行为；物（如场所、设施、设备、原材料、产品等）——安全条件；人与物的关系——安全状态。人和物是安全系统中的直接要素，人与物的关系是安全系统的核心，三者有机结合，又相互制约，并在一定条件下互相转化（如图 1-1 所示）。

（2）危险

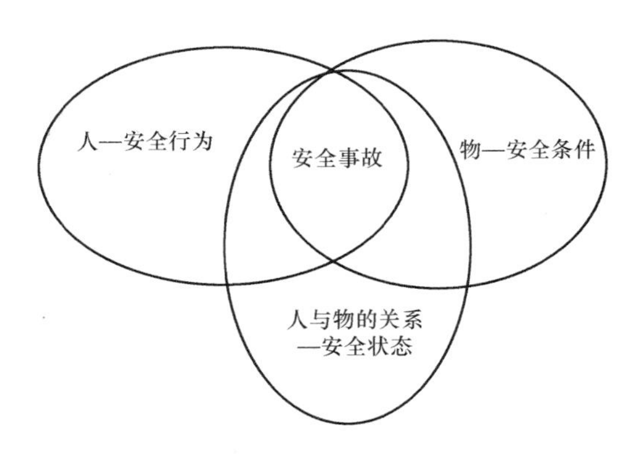

图 1-1　安全的三要素

危险是指系统中存在对人、财产或环境具有造成伤害的潜能，是系统呈现出的一种状态。这种状态具有导致人员伤害、职业病、财产损失、作业环境破坏、生产活动中断的趋势。

（3）事故

事故是指造成死亡、伤害、疾病、损坏或者其他损失的意外事件，是发生在人们的生产、生活活动中，突然发生的、违背人们意志的负面事件。

事故隐患泛指生产系统中存在的导致事故发生的人的不安全行为、物的不安全状态及管理上的缺陷。

图 1-2　建设工程施工现场常见的起重机械

（4）特种设备

特种设备是指由国家认定的，涉及生命安全、危险性较大的电梯、起重机械（如图 1-2 所示）、锅炉、压力容器（含气瓶）、压力管道、客运索道、大型游乐设施、场（厂）内机动车辆等。

（5）安全生产

安全生产是指为了防止在生产过程中发生人身伤亡、财产损失等事故，而采取的消除或控制危险和有害因素，保障人身安全和健康、设备和设施免遭损坏、环境不受破坏的一系列措施和活动，既包括对劳动者的保护，也包括对生产、财物、环境的保护，目的是保障生产活动正常进行。

（6）安全管理

安全管理是指为实现安全生产而组织和使用人力、物力和财力等各种物质资源的过程。它利用计划、组织、指挥、协调、控制等管理技能，控制物的不安全状态、人的不安全行为及管理上的缺陷，避免发生伤亡事故，保证职工的生命安全与健康，保证生产的顺利进行。

（7）安全生产方针

我国的安全生产工作方针是“安全第一、预防为主、综合治理”。

（8）“三违”

1）违章指挥

企业负责人和有关管理人员法制观念淡薄，缺乏安全知识，思想上存有侥幸心理，对国家、集体的财产和人民群众的生命安全不负责任。明知不符合安全生产有关条件，仍指挥作业人员冒险作业（如图 1-3 所示）。

2）违章作业

作业人员没有安全生产常识，不懂安全生产规章制度和操作规程，或者在知道基本安全知识的情况下，在作业过程中，违反安全生产规章制度和操作规程，不顾国家、集体的财产和他人、自己的生命安全，擅自作业，冒险蛮干（如图 1-4 所示）。

3）违反劳动纪律

上班时不知道劳动纪律，或者不遵守劳动纪律，违反劳动纪律进行冒险作业，从而造成不安全因素（如图 1-5 所示）。

（9）“三不伤害”

“三不伤害”就是指“不伤害自己、不伤害他人、不被他人

图 1-3　违章指挥

伤害”（如图 1-6 所示）。

要做到“三不伤害”，首先确保自己不违章，保证不伤害到自己，不去伤害到他人；其次我们自己要具有良好的自我保护意识，要及时制止他人违章。及时制止他人违章行为既保护了自己，也保护了他人，最终才能做到不被他人伤害。

图 1-4　违章作业

（10）“三宝”

“三宝”是指：安全帽、安全带、安全网。

（11）“四口”

“四口”是指：通道口、预留洞口、楼梯口、电梯井口（如图 1-7 所示）。

（12）“五临边”

“五临边”是指：施工现场内无防护设施或围护设施高度低于 0.8m 的楼层周边、楼梯侧边、平台或阳台边、屋面周边和沟、坑、槽、深基础周边。

图 1-5　违反劳动纪律

图 1-6　三不伤害

图 1-7　通道口、预留洞口、楼梯口、电梯井口

2. 安全生产管理工作简述

（1）安全与生产的关系

安全与生产是相辅相成的，在生产的全过程中，要始终坚持“管生产必须管安全”，“生产必须安全，不安全坚决不能生产”。如图 1-8 所示。

（2）安全生产的工作原则

根据安全生产的工作方针，安全生产工作应当坚持以下原则：

1）“一票否决”原则。安全不达标，生产工作坚持“一票否决”（如图 1-9 所示）。

图 1-8　安全与生产的木桶原理

2）“两管五同时”原则。“两管”即“管生产必须管安全”；“五同时”即在计划、布置、检查、总结、评比生产工作的时候，同时计划、布置、检查、总结、评比安全工作。

3）“三同时”原则。生产经营单位新建、改建、扩建工程项目的安全设施，必须与主体工程同时设计、同时施工、同时投产和使用。

图 1-9　安全生产一票否决

4）“四不放过”原则。即生产安全事故的调查处理必须坚持“事故原因未查清不放过；责任人未受到处理不放过；整改措施未落实不放过；有关人员未受到教育不放过”的原则。

（3）安全生产管理机构

本书所称的安全生产管理机构是指建筑施工企业设置的负责安全生产管理工作的独立职能部门。

（4）安全生产管理人员

本书所称的安全生产管理人员是指经建设行政主管部门安全生产考核合格取得安全生产考核合格证书，并在建筑生产经营单位及其项目从事安全生产管理工作的专职人员。

施工现场必须按照有关规定配备足够的专（兼）职安全生产管理人员，并持证上岗。安全生产管理人员应经教育培训并考核合格，否则不得上岗作业。安全生产管理人员认真履行职责，主动、积极地进行安全生产管理工作，是安全生产、文明施工的最直接的保障。

（5）作业工人配合安全生产的意义

作业工人配合安全生产工作的意义主要体现在以下几个方面（如图 1-10 所示）。

1）安全生产是为了自己。

图 1-10　作业工人配合安全生产的意义

2）安全生产是为了家庭。

3）安全生产是为了企业。

4）安全生产是为了国家。

3. 影响安全生产的要素

影响安全生产的要素主要包括安全文化、安全法制、安全责任、安全科技和安全投入五个方面。

（1）安全文化

安全文化即安全意识，安全生产工作要围绕“以人为本”，采取各种形式开展宣传教育，强化从业人员安全意识，提高从业人员安全素质，增强从业人员的自我保护意识和能力，做到“三不伤害”。

（2）安全法制

安全法制是用法律法规来规范企业和从业人员的安全行为，包括国家的立法、监督、执法，企业的建章立制、检查考核、经济奖罚等。

（3）安全责任

安全责任即建立安全生产责任制，明确企业、部门、政府的安全生产责任，建立一套行之有效的考核、奖罚制度。

（4）安全投入

安全投入是安全生产的基本保障，它包括人力、财力和物力的投入。

（5）安全科技

安全科技即运用先进的科技手段提高安全生产监控和防护水平。如施工现场安装的远程视频监控系统、计算机网络管理系统等。

4. 安全生产标准化

（1）安全标准化的定义

安全标准化即制度、人员配备、管理和过程控制等方面的标准化。主要内容包括组织机构、安全投入（如图 1-11 所示）、安全管理制度、人员教育培训（如图 1-12 所示）、设备设施运行管理、作业安全管理（如图 1-13 所示）、隐患排查和治理、重大危险源监控、职业健康（如图 1-14 所示）、应急救援、事故的报告和调查处理、绩效评定和持续改进等方面。

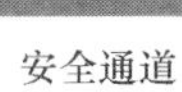
安全通道　　施工电梯防护棚

图 1-11　安全防护标准化

（2）建筑工人在安全标准化建设过程中所扮演的角色

1）实施者。施工现场安全标准化建设首先要在现场按照标准化的要求建设场地和设施，而施工现场的场地、设施基本上是由建筑工人在现场制作、安装完成。

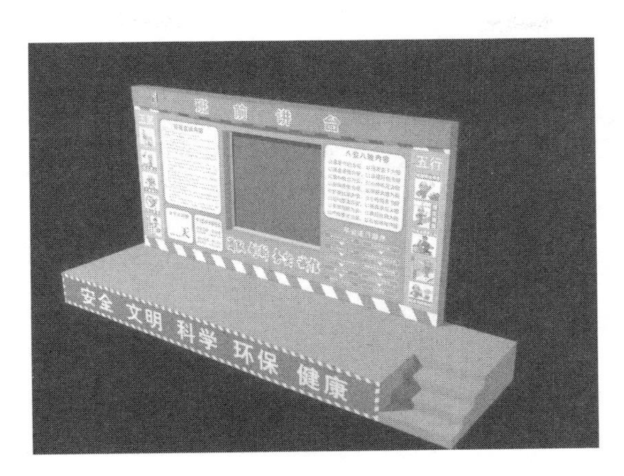

图 1-12 班前教育培训标准化

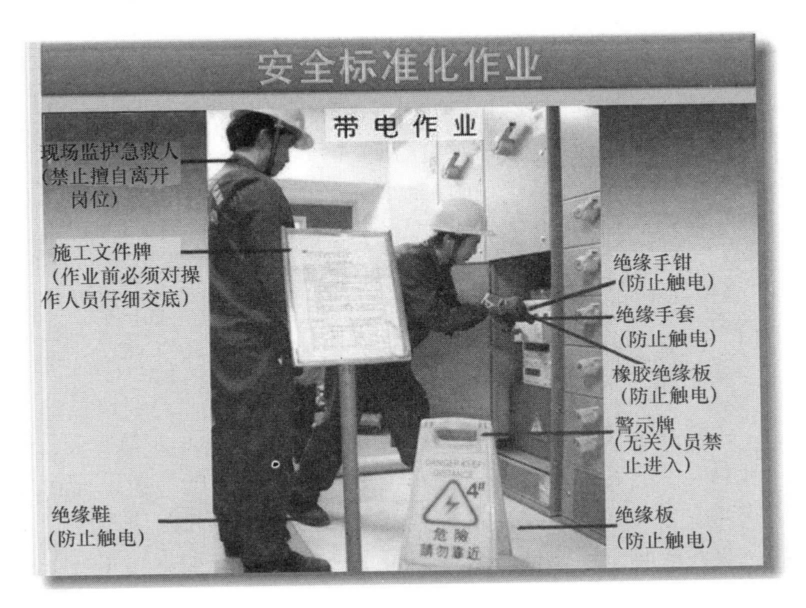

图 1-13 电工作业标准化

2) 执行者。安全标准化的制度、场地、设施等制定和完成后，需要在工程建设过程中得到有效的贯彻和执行，而在执行安

图 1-14　施工现场标准化的茶水亭

全标准化的制度、使用安全标准化的设施的人员最终是建筑工人。

3）受益者。在安全标准化的建设过程中，通过对建筑工人教育培训，提高建筑工人安全意识和安全防护能力；通过对施工现场文明施工的标准化建设，改善了建筑工人的作业环境、提高了建筑工人的身心健康；通过对过程控制和安全防护设施的使用，消除了安全隐患，保护了建筑工人的生命和财产安全。

（二）建筑工人安全作业特点

建筑施工特种作业人员与一般技术工人安全作业特点

（1）建筑施工特种作业人员的定义

建筑施工特种作业人员是指在各种建筑施工活动中，从事可能对本人、他人及周围设施的安全造成重大危害的人员。建筑施工特种作业人员必须经建设主管部门考核合格，取得建筑施工特种作业人员操作资格证书后，方可上岗从事相应作业（如图 1-15 所示）。

（2）建筑施工特种作业的种类

为了规范各工种的岗位责任，住房和城乡建设部将建筑施工特种作业划分为建筑电工、建筑架子工（普通脚手架）、建筑架

图 1-15　特种作业人员必须持证上岗

子工（附着升降脚手架）、建筑起重司索信号工、建筑起重机械司机（塔式起重机）、建筑起重机械司机（施工升降机）、建筑起重机械司机（物料提升机）、建筑起重机械安装拆卸工（塔式起重机）、建筑起重机械安装拆卸工（施工升降机）、建筑起重机械安装拆卸工（物料提升机）和高处作业吊篮安装拆卸工等 11 个岗位工种。

（3）一般技术工人与特种作业人员的区别及配合作业

一般技术工人是指掌握一定技术技能的工人，其作业特点是作业时对自己、对他人的危害较小。特种作业人员也是技术工人，其作业特点是作业时不仅对自己而且对他人都有危害，而且危害程度较高。施工过程中一般技术工人不得与特种作业人员闲谈聊天，不得擅离交换工作岗位，要严格遵守劳动纪律和操作规程，特种作业人员要积极配合一般技术工人做好安全施工工作。

（三）安全生产管理

施工作业人员在进入施工现场前，必须接受安全教育培训工作，通过教育培训使作业人员充分了解和掌握安全生产方面的法律法规、规章制度、操作规程、施工作业环境等方面的内容，进一步增强安全生产意识，提高安全生产技能和安全防范能力。施工作业人员在施工过程中要严格遵守各项规章制度和安全生产纪律，有效预防安全事故的发生。

作业人员在进入施工现场时，要遵守以下基本的安全生产纪律：

（1）进入施工现场必须戴好安全帽，系好帽带，并正确使用个人劳动防护用品（如图 1-16 所示）。

图 1-16　进入施工现场必须戴好安全帽，系好帽带

（2）不得带小孩，穿高跟鞋、硬底鞋、拖鞋及赤脚、光背、赤膊进入施工现场（如图 1-17 所示）。

图 1-17　不得带小孩、穿拖鞋和高跟鞋进入施工现场

（3）未经安全教育培训合格不得上岗，非操作者严禁进入危险区域；特种作业必须持特种作业资格证上岗（如图 1-18 所示）。

（4）凡 2m 以上的高处作业无安全设施，必须系好安全带；

图 1-18　未经安全教育培训合格不得上岗

安全带必须先挂牢后再作业，必须高挂低用（如图 1-19 所示）。

图 1-19　安全带的使用

（5）高处作业材料和工具等物件不得上抛下掷（如图 1-20 所示）。

（6）穿硬底鞋不得进行登高作业。

（7）机械设备、机具使用，必须做到“定人、定机”制度；未经有关人员同意，非操作人员不得使用。

（8）电动机械设备，必须有漏电保护装置和可靠保护接零，方可启动使用。

（9）未经有关人员批准，不得随意拆除安全设施和安全装置；因作业需要拆除的，作业完毕后，必须立即恢复（如图 1-21 所示）。

图 1-20　高处作业的材料不得上抛下掷

图 1-21　安全防护设施不得随意拆除

（10）不准乘坐料斗、物料提升机的吊篮。

（11）酒后不准上班作业（如图 1-22 所示）。

图 1-22　严禁酒后上班作业

（四）从业人员的权力与义务

国家相关法律、法规赋予每个公民权利的同时，也规定了要履行的义务。权利和义务的关系是相辅相成的，我们在享受权利的同时也要履行义务，反之亦然。

1. 从业人员的权力

（1）劳动权利

劳动权利是指任何具有劳动能力且愿意工作的人都有获得有保障的工作的权利。狭义的劳动权利是指劳动者获得和选择工作岗位的权利；广义的劳动权利是指劳动者依据法律、法规和劳动合同所获得一切权利。

（2）知情权、建议权

从业人员有权了解其作业场所和工作岗位存在的危险因素、防范措施及事故应急措施，有权对本单位的安全生产工作提出建议。

（3）批评、检举、控告权

对安全生产工作中存在的问题，如施工单位和工程项目违反安全生产法律、法规、规章等行为，作业人员有权向建设行政主管部门、负有安全生产监督管理职责的部门、监察机关、地方人民政府等进行检举、控告，有利于有关部门及时了解、掌握施工单位安全生产工作中存在的问题，采取措施，制止和查处施工单位违反安全生产法律、法规的行为，防止生产安全事故的发生。

对作业人员的检举、控告，建设行政主管部门和其他有关部门应当查清事实，认真处理，不得压制和打击报复。

（4）拒绝违章指挥和强令冒险作业的权利

作业人员有权拒绝违章指挥和强令冒险作业的权利（如图1-23 所示）。该权利对于维护正常的生产秩序，有效防止安全事故发生，保护作业人员自身的人身安全，具有十分重要的意义。

图 1-23　拒绝冒险作业权

（5）紧急避险权

在施工中发生危及人身安全的紧急情况时，作业人员有权立即停止作业或者在采取必要的应急措施后撤离危险区域。建筑活动具有不可预测的风险，作业人员在施工过程中有可能会突然遇到直接危及人身安全的紧急情况，此时如果不停止作业或者撤离作业场所，就会造成重大的人身伤亡事故。

（6）安全生产教育和培训的权利

生产经营单位应当对从业人员进行安全生产教育和培训，保证从业人员具备必要的安全生产知识，熟悉有关的安全生产规章制度和安全操作规程，掌握本岗位的安全操作技能。未经安全生产教育和培训合格的从业人员，不得上岗作业。

（7）意外伤害保险的权利

对生产经营单位的从业人员，无论是固定工，还是合同工；无论是正式工，还是非正式工；无论是作业人员，还是管理人员，只要是在施工现场参与工程建设的，生产经营单位就必须为其办理意外伤害保险并支付意外伤害保险费。实行施工总承包的，由总承包单位支付意外伤害保险费。

2. 从业人员的义务

生产经营单位的从业人员在享有安全生产保障权利的同时，也必须履行相应的安全生产方面的义务。主要包括以下几方面：

（1）遵守有关安全生产的法律、法规和规章及操作规程的义务。

生产经营单位的作业人员在施工过程中，应当遵守有关安全生产的法律、法规和规章。这些安全生产的法律、法规和规章是总结安全生产的经验教训，根据科学规律规章制度和操作规程制定的，是实现安全生产的基本要求和保证，严格遵守是每一个作业人员的法律义务。

（2）正确使用安全防护用具、机械设备的义务。

1）作业人员应当正确使用安全防护用具。作业人员应当熟悉、掌握安全防护用具的构造、功能，掌握正确使用的有关知识，在作业过程中按照规则和要求正确佩戴和使用。

2）作业人员应当正确使用机械设备。作业人员应当了解和熟悉所使用的机械设备的构造和性能，掌握安全操作知识和技能，遵照安全操作规程进行操作。

（3）接受安全生产教育培训，掌握所从事工作应具备的安全生产知识的义务

（4）发现事故隐患或者其他不安全因素，立即报告的义务

作业人员直接承担具体的作业活动，更容易发现事故隐患或者其他不安全因素。作业人员一旦发现事故隐患或者其他不安全因素，应当立即向现场安全管理人员或者本单位负责人报告，不得隐瞒不报或者拖延报告。

3. 从业人员的法律责任

从业人员不服从管理，违反安全生产规章制度、操作规程和劳动纪律，冒险作业的，由单位给予批评教育，依照有关规章制度给予处分；造成重大伤亡事故或者其他严重后果的，依法追究其法律责任。通常情况下，法律责任包括行政责任和刑事责任。

（1）行政责任

行政责任是指违反有关行政管理法律、法规的规定，但尚未构成犯罪的违法行为应承担的法律责任。追究行政责任通常以行政处分和行政处罚两种方式来实施。

1）行政处分。行政处分是国家机关、企事业单位对所属的国家工作人员违法失职行为尚不构成犯罪，依据法律、法规所规定的权限而给予的一种惩戒。行政处分种类有：警告、记过、记大过、降级、撤职、开除。

2）行政处罚。行政处罚指国家行政机关对违法行为所实施的强制性惩罚措施，通常有以下七种：

① 警告；

② 罚款；

③ 没收违法所得、没收非法财物；

④ 责令停产停业；

⑤ 暂扣或者吊销许可证、暂扣或者吊销执照；

⑥ 行政拘留；

⑦ 法律、行政法规规定的其他行政处罚。

（2）刑事责任

刑事责任是指责任主体实施刑事法律禁止的行为所应承担的法律后果。通俗地讲，刑事责任是指责任人违反《刑法》相关条款，所应承担的应当给予刑罚制裁的法律责任。根据《刑法》，作业人员在安全生产中触犯《刑法》的，应承担以下刑事责任：

1）在生产、作业中违反有关安全管理的规定，因而发生重大伤亡事故或者造成其他严重后果的，处三年以下有期徒刑或者拘役；情节特别恶劣的，处三年以上七年以下有期徒刑。

2）强令他人违章冒险作业，因而发生重大伤亡事故或者造成其他严重后果的，处五年以下有期徒刑或者拘役；情节特别恶劣的，处五年以上有期徒刑。

3）违反爆炸性、易燃性、放射性、毒害性、腐蚀性物品的管理规定，在生产、储存、运输、使用中发生重大事故，造成严重后果的，处三年以下有期徒刑或者拘役；后果特别严重的，处三年以上七年以下有期徒刑。

4）在安全事故发生后，负有报告职责的人员不报或者谎报事故情况，贻误事故抢救，情节严重的，处三年以下有期徒刑或者拘役；情节特别严重的，处三年以上七年以下有期徒刑。

二、安全生产防护用品

生产经营单位采购个人使用的安全帽、安全带及其他劳动防护用品等，必须符合现行国家规范《安全帽》GB 2811—2007、《安全带》GB 6095—2009 及其他劳动保护用品相关国家标准的要求。企业、施工作业人员，不得采购和使用无安全标记或不符合国家相关标准要求的劳动保护用品。

（一）安全生产防护用品管理

生产经营单位必须根据作业人员的施工环境、作业需要，按照规定配发安全防护用品，并监督其正确佩戴使用。并应建立包括购置、验收、登记、发放、保管、使用、更换和报废等内容的安全防护用品管理制度，确保安全防护用品得到有效的使用。

1. 安全防护用品的分类

根据《劳动防护用品分类与代码》LD/T 75 的规定，我国实行以人体保护部位划分的分类标准，根据防护的部位，劳动防护用品分为 9 类。

（1）头部防护用品

头部防护用品是为防御头部不受外来物体打击和其他因素危害而采取的个人防护用品（如图 2-1 所示）。按照防护功能要求，目前主要有普通工作帽、防尘帽、防水帽、防寒帽、防冲击安全

图 2-1　头部防护用品（安全帽）

帽、防静电帽、防高温帽、防电磁辐射帽、防昆虫帽 9 类产品。

（2）呼吸器官防护用品

呼吸器官防护用品是为防止有害气体、蒸汽、粉尘、烟、雾经呼吸道吸入或直接向配用者供氧或清净空气，保证在尘、毒污染或缺氧环境中作业人员正常呼吸的防护用具。

呼吸器官防护用品按功能主要分为防尘口罩和防毒口罩（面具）（如图 2-2 所示），按形式又可分为过滤式和隔离式两类。

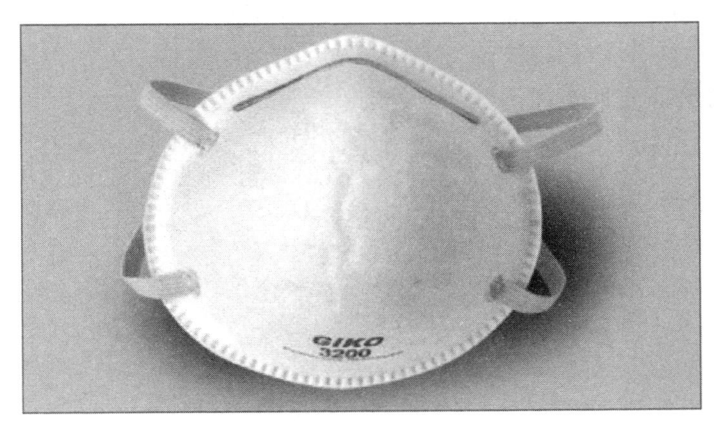

图 2-2　防尘口罩和防毒口罩（面具）

（3）眼面部防护用品

预防烟雾、尘粒、金属火花和飞屑、热、电磁辐射、激光、化学飞溅等伤害眼睛或面部的个人防护用品称为眼面部防护用品。

根据防护功能，大致可分为防尘、防水、防冲击、防高温、防电磁辐射、防射线、防化学飞溅、防风沙、防强光 9 类。

目前我国生产和使用比较普遍的有 3 种类型：

1）焊接护目镜和面罩（如图 2-3 所示）。预防非电离辐射、金属火花和烟尘等的危害。焊接护目镜分普通眼镜、前挂镜、防侧光镜 3 种；焊接面罩分手持面罩、头戴式面罩、安全帽面罩、安全帽前挂眼镜面罩等。

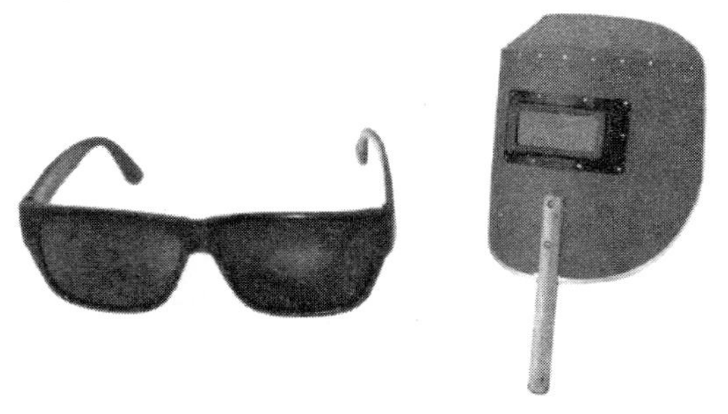

图 2-3　焊接护目镜和面罩

2）炉窑护目镜和面罩。预防炉、窑口辐射出的红外线和少量可见光、紫外线对人眼的危害。炉窑护目镜和面罩分为护目镜、眼罩和防护面罩 3 种。

3）防冲击眼睛的护具（如图 2-4 所示）。预防铁屑、灰砂、碎石等外来物对眼睛的冲击伤害。防冲击眼睛的护具分为防护眼镜、眼罩和面罩 3 种。防护眼镜又分为普通眼镜和带侧面护罩的眼镜。眼罩和面罩又分敞开式和密闭式 2 种。

（4）听觉器官防护用品

能够防止过量的声能侵入外耳道，使人耳避免噪声的过度刺激，减少听力损伤，预防噪声对人身引起的不良影响的个体防护用品。

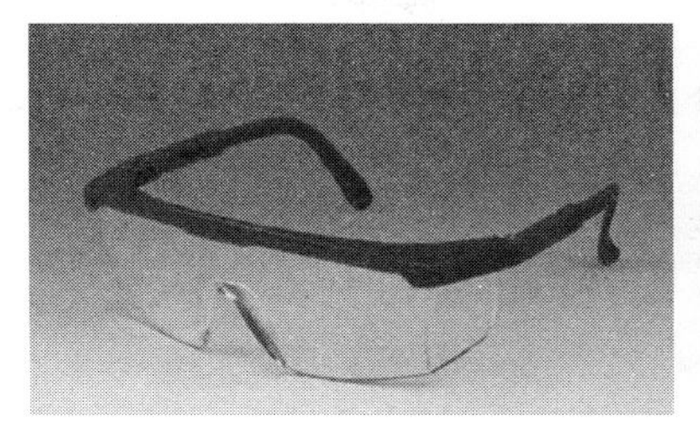

图 2-4　防护眼镜、眼罩

听觉器官防护用品主要有耳塞、耳罩和防噪声头盔 3 大类（如图 2-5 所示）。

（5）手部防护用品

具有保护手和手臂的功能，供作业者劳动时戴用的手套称为

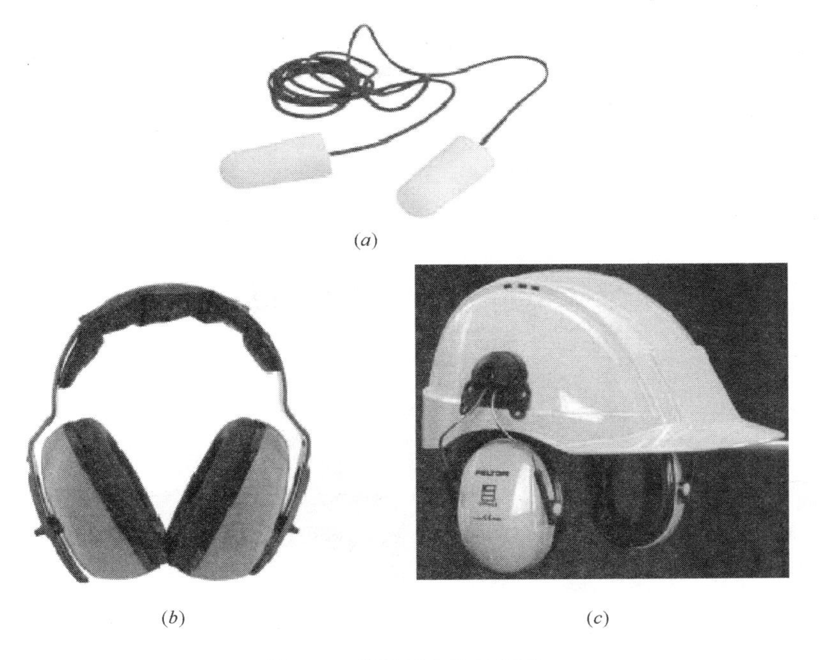

(a)

(b)

(c)

图 2-5　听觉器官防护用品

(a) 耳塞；(b) 耳罩；(c) 防噪声头盔

手部防护用品，通常人们称作劳动防护手套（如图 2-6 所示）。

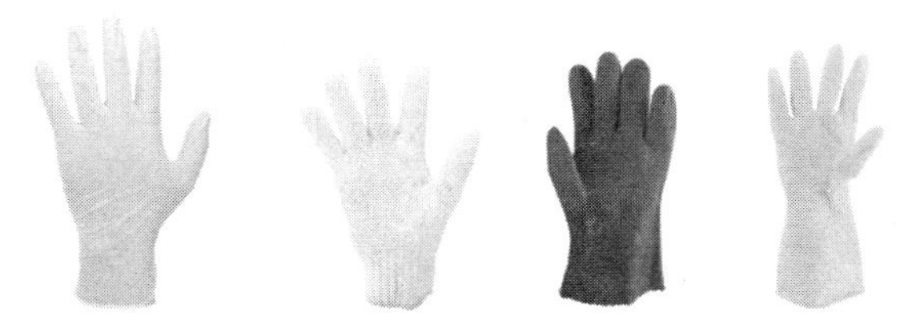

图 2-6　手部防护用品

劳动防护用品分类与代码标准按照防护功能将手部防护用品分为 12 类：普通防护手套、防水手套、防寒手套、防毒手套、防静电手套、防高温手套、防 X 射线手套、防酸碱手套、防油手套、防震手套、防切割手套、绝缘手套。

（6）足部防护用品

足部防护用品是防止生产过程中有害物质和能量损伤劳动者足部的护具，通常人们称劳动防护鞋（如图 2-7 所示）。

图 2-7　足部防护用品

国家标准按防护功能分为防尘鞋、防水鞋、防寒鞋、防冲击鞋、防静电鞋、防高温鞋、防酸碱鞋、防油鞋、防烫脚鞋、防滑鞋、防穿刺鞋、电绝缘鞋、防震鞋 13 类产品。

（7）躯干防护用品

躯干防护用品就是我们通常讲的防护服。根据防护功能防护服分为普通防护服、防水服、防寒服、防砸背服、防毒服、阻燃服、防静电服、防高温服、防电磁辐射服、耐酸碱服、防油服、水上救生衣、防昆虫、防风沙 14 类产品。

（8）护肤用品

护肤用品用于防止皮肤（主要是面、手等外露部分）免受化学、物理等因素的危害。按照防护功能，护肤用品分为防毒、防射线、防油漆及其他类。

（9）防坠落用品

防坠落用品是防止人体从高处坠落，通过绳带，将高处作业者的身体系接于固定物体上或在作业场所的边沿下方张网，以防不慎坠落，这类用品主要有安全带和安全绳两种（如图 2-8 所示）。

图 2-8 防坠落用品（安全带、安全绳）

2. 安全防护用品配备要求

生产经营单位必须根据作业人员的施工环境、作业需要，按照规定配发安全防护用品，并监督其正确佩戴使用（如图 2-9 所示）。

（1）施工现场的作业人员必须戴安全帽、穿工作鞋和工作服；特殊情况下不戴安全帽时，长发者从事机械作业必须戴工

图 2-9　安全防护用品的配备

作帽。

（2）雨期施工应提供雨衣、雨裤和雨鞋，冬季严寒地区应提供防寒工作服。

（3）处于无可靠安全防护设施进行高处作业时，必须系安全带。

（4）从事电钻、砂轮等手持电动工具作业，操作人员必须穿绝缘鞋、戴绝缘手套和防护眼镜。

（5）从事蛙式夯实机、振动冲击夯作业，操作人员必须穿具有电绝缘功能的保护足趾安全鞋、戴绝缘手套。

（6）从事可能飞溅渣屑的机械设备作业，操作人员必须戴防护眼镜。

（7）从事脚手架作业，操作人员必须穿灵便、紧口工作服、系带的高腰布面胶底防滑鞋，戴工作手套，高处作业时，必须系安全带。

3. 安全防护用品管理制度

生产经营单位应建立包括购置、验收、登记、发放、保管、使用、更换和报废等内容的安全防护用品管理制度，安全防护用品必须由专人管理，定期进行检查，并按照国家有关规定及时报废、更新。

(1) 安全防护用品的购置

生产经营单位在购置安全帽、安全带等安全防护用品时，应当查验其生产许可证和产品合格证。经查验，不符合国家或行业安全技术标准的产品，不得购置。在购置特种劳动防护用品时，不得采购和使用无安全标志的特种劳动防护用品。

(2) 安全防护用品的发放

安全防护用品的发放和管理，坚持“谁用工，谁负责”的原则。作业人员所在生产经营单位必须按国家规定免费发放安全防护用品，更换已损坏或已到使用期限的安全防护用品，不得收取或变相收取任何费用。安全防护用品必须以实物形式发放，不得以货币或其他物品替代。

(3) 安全防护用品的检查

生产经营单位对安全防护用品要定期进行检验，发现不合格产品应及时进行更换。

(二) 常用安全防护用品使用

建筑施工现场常用的个人安全防护用品主要包括安全帽、安全带以及安全防护鞋、防护眼镜、防护手套、防尘口罩等。

1. 安全帽

安全帽是指对人头部受坠落物及其他特定因素引起的伤害起防护作用的帽。由帽壳、帽衬、下颌带和附件组成。如图 2-10 所示。帽壳使用的材质主要有铝合金、低压聚乙烯、ABS（工程塑料）、玻璃钢以及竹藤等。

(1) 安全帽的作用

1) 防止物体打击伤害。

2) 防止高处坠落伤害头部。

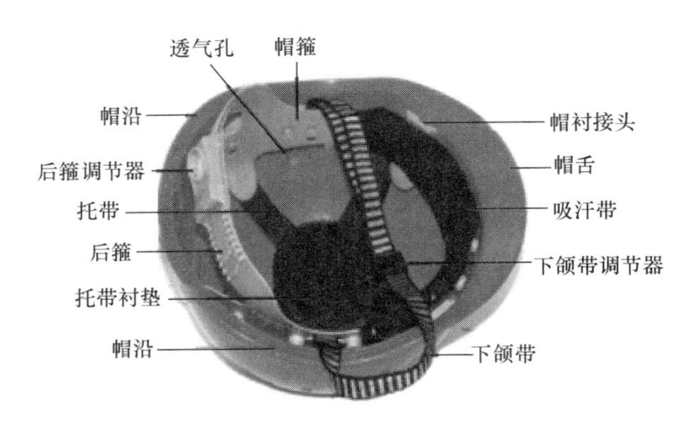

图 2-10　安全帽配件及构造

3）防止机械性损伤。

4）防止污染毛发伤害。

（2）使用范围

进入建筑施工现场的所有人员都必须佩戴安全帽。

（3）使用前检查

安全帽在佩戴使用前，应对以下主要项目进行检查，发现不符合要求的，应立即更换：

1）是否有产品合格证。

2）帽壳是否有破损、龟裂、下凹、裂痕和磨损。

3）帽衬的帽箍、吸汗带、缓冲垫和衬带等部件是否齐全有效。

4）下颌带的系带、锁紧卡等部件是否齐全有效。

（4）使用注意事项

1）使用前应根据自己头型将帽箍调至适当位置，避免过松或过紧。

2）将帽衬的衬带位置调节好并系牢，帽衬的顶端与帽壳内顶。

3）安全帽的下颌带必须扣在颏下，并系牢，松紧要适度，以防帽子滑落、碰掉（如图 2-11 所示）。

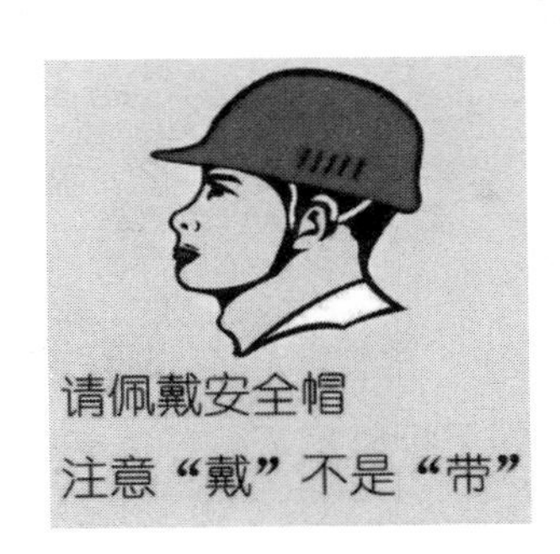

图 2-11　安全帽的佩戴

4）安全帽不得使用有机溶剂清洗、擅自改装钻孔、涂上或喷上油漆、有损坏时仍然使用、抛掷或敲打、不得在安全帽内再佩戴其他帽子（如图 2-12 所示）。

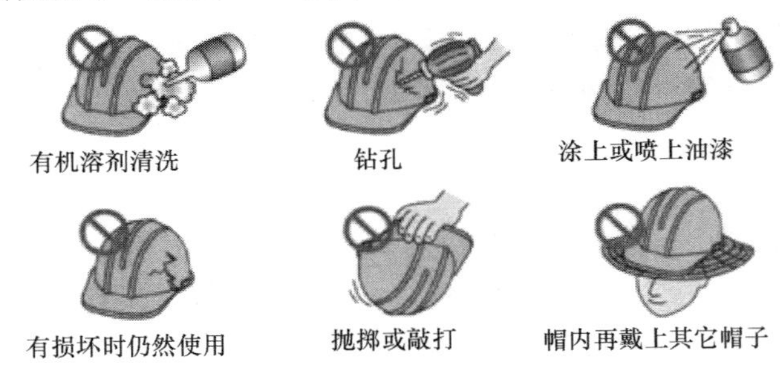

图 2-12　安全帽的错误使用方法

5）安全帽不用时，不易长时间地在阳光下曝晒，需放置在干燥通风的地方，远离热源。

6）低压聚乙烯、ABS（工程塑料）安全帽不得用热水浸泡，不得放在暖气片上、火炉上烘烤，以防帽体变形。

7）使用过程中要经常进行外观检查，如果发现帽壳与帽衬有异常损伤或裂痕，或帽衬与帽壳内顶之间的间距达不到标准要求的，不得继续使用（如图 2-13 所示）。

（5）安全帽的标识

每顶安全帽的标识由永久标识和产品说明书组成。永久性标

图 2-13　安全帽损坏

志必须包括：标准编号、制造厂名、生产日期（年、月）、产品名称（由生产厂命名）、产品的特殊技术性能（如果有）。

（6）安全帽的使用期限

不同材质的安全帽有效期不同，植物枝条编织的安全帽有效期为 2 年，塑料安全帽的有效期限为两年半，玻璃钢（包括维纶钢）和胶质安全帽的有效期限为三年半，超过有效期的安全帽应报废。

2. 安全带

安全带是指防止高处作业人员发生坠落或发生坠落后将作业人员安全悬挂的个人防护装备。

（1）安全带的分类

安全带按作业类别分为：围杆作业安全带、区域限制安全带和坠落悬挂安全带三类。

（2）使用范围

建筑施工处于高处作业状态，如脚手架、模板支架的搭设，大型设备及施工机械的安装等，且在下列情况下进行作业时，必须系好安全带：

1）高度超过 2m 的悬空作业。

2）倾斜的屋顶。

3）平屋顶，在离屋顶边缘或屋顶开口 1.2m 内未设置防护栏杆时。

4）任何悬吊的平台或工作台。

5）任何护栏、铺板不完整的脚手架上。

6）接近屋面或楼面开孔附近的梯子上。

7）在高处外墙安装门、窗，无外脚手架和安全网时。

8）高处作业无可靠防坠落措施时。

（3）使用前检查

安全带在使用前，应对以下主要项目进行检查，发现不符合要求的，不得使用，并立即更换：

1）安全带的部件是否完整，有无损伤。

2）金属配件的卡环是否有裂纹，卡簧弹跳性是否良好。

3）绳带有无变质。

（4）使用注意事项

1）佩戴安全带时，要束紧腰带，腰扣组件必须系紧系正确（如图 2-14 所示）。

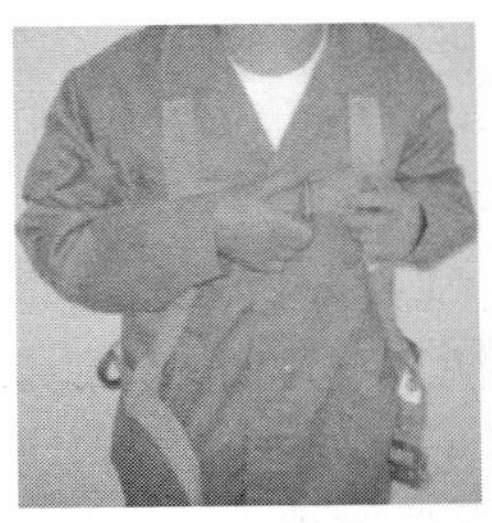

第一步：先系胸前扣带

第二步：再系腰部扣带

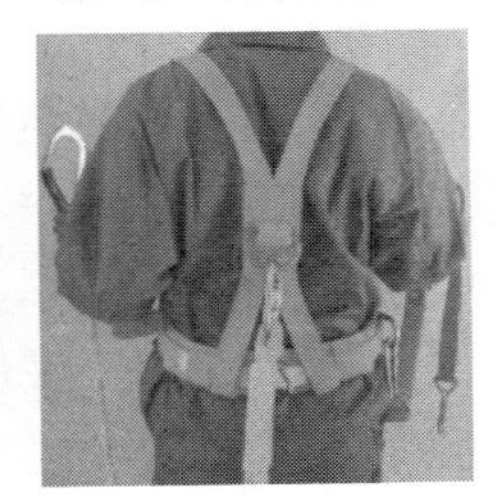

正确系好后的安全带

图 2-14　安全带的正确佩戴

2）悬挂安全带应高挂低用，不得低挂高用。

3）不得将绳打结使用，也不得将钩直接挂在安全绳上使用。

4）安全带要拴挂在牢固的构件或物体上，防止摆动或碰撞。

5）高处作业如无固定拴挂处，应采用适当强度的钢丝绳或安全栏杆等方式设置挂安全带的安全拉绳，禁止将安全带挂在移动、带尖锐棱角或不牢固的物件上。

6）安全带严禁擅自接长使用，如使用 3m 及以上的长绳时，必须加上缓冲器、自锁器或防坠器等。

7）安全带上的各种部件不得任意拆除，更换新绳时要注意加绳套。

8）安全带、绳保护套要保持完好，以防绳被磨损，若发现保护套损坏或脱落，必须加上新套后再使用。

9）要注意维护和保管，不得接触高温、明火、强酸、强碱或尖锐物体，不要存放在潮湿的场所。

10）安全带在使用后，要经常检查安全带缝制和挂钩部分，必须详细检查捻线是否发生裂断和残损等。

11）安全带在使用两年后应抽验一次，频繁使用应经常进行外观检查，发现异常必须立即更换。

3. 安全防护鞋

安全防护鞋是指具有保护特征的鞋，用于保护穿着者免受意外事故引起的伤害，建筑施工现场上常用的有绝缘鞋（靴）、防刺穿鞋、焊接防护鞋、耐酸碱橡胶靴及皮安全鞋等。

（1）安全防护鞋使用范围

1）防油防护鞋用于地面积油或溅油的场所。

2）防水防护鞋用于地面积水或溅水的作业场所。

3）防寒防护鞋用于低温作业人员的足部保护，以免受冻伤。

4）防刺穿防护鞋用于足底保护，防止被各种尖硬物件刺伤。

5）防砸防护鞋的主要功能是防坠落物砸伤脚部。

（2）安全防护鞋的选择和使用

1）安全防护鞋除了须根据作业条件选择适合的类型外，还要挑选合适的鞋号。

2）各种不同性能的安全防护鞋，要达到各自防护性能的技术指标，如脚趾不被砸伤，脚底不被刺伤，绝缘导电等要求。

3）使用安全防护鞋前要认真检查或测试，在电气和酸碱作业中，破损和有裂纹的安全防护鞋都是有危险的。

4）用后应检查并保持清洁，存放于无污染、干燥的地方。

4. 其他安全防护用品

（1）防护服

建筑施工现场使用的防护服主要有普通防护服、防酸碱工作服、防静电工作服、防寒服、防水服等。

穿戴要诀："三紧"即"领口紧，袖口紧，下摆紧"（如图 2-15 所示）。

（2）防护眼镜

图 2-15　安全防护服正确穿戴

建筑施工现场使用的防护眼镜主要有两种，一种是防固体碎屑的防护眼镜，主要用于防止金属或砂石碎屑等对眼睛的机械损伤；另一种是防辐射的防护眼镜，用于防止过强的紫外线、强光、微红外线波、激光、电离辐射对眼睛的危害（如图 2-16 防强光射线护目镜）。

防护眼镜使用应注意以下几点：

① 选用具有产品合格证的产品。

② 护目镜的宽窄和大小要适合使用者的脸型。

图 2-16　防强光射线护目镜

③ 镜片磨损粗糙、镜架损坏，会影响操作人员的视力，应及时调换。

④ 护目镜要专人使用，防止交叉传染眼病。

⑤ 焊接护目镜的滤光片和保护片要按作业需要选用和更换。

⑥ 防止重摔重压，防止坚硬的物体磨损镜片。

（3）防护手套

1）常见防护手套

① 劳动保护手套：一般作业人员经常使用的手套，主要是为了防止手臂碰伤、划伤，起防滑、保温作用（如图 2-17 所示）。

② 绝缘手套：建筑电工带电作业时使用的手套（如图 2-18 所示）。

③ 耐酸、耐碱手套：接触酸、碱作业时使用的手套。

④ 焊工手套：焊工作业时使用的防护手套（如图 2-19 所示）

图 2-17　劳保手套

图 2-18　绝缘手套

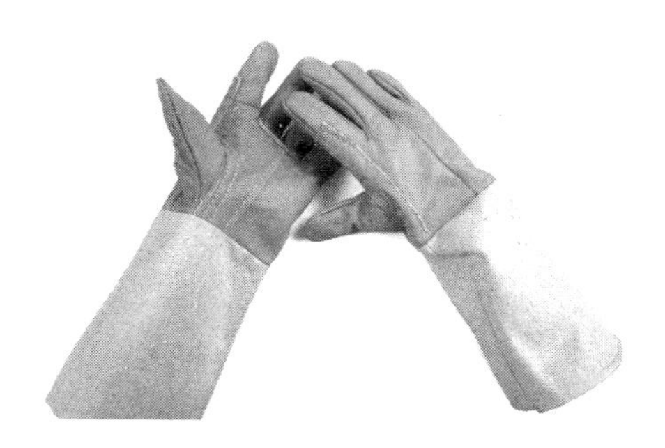

图 2-19　焊工手套

2）防护手套的选用和使用

① 防护手套的品种很多，首先应明确防护对象，根据防护功能来选用，切记不要误用。

② 耐酸、耐碱手套使用前应仔细检查表面是否有破损，采取简易办法是向手套内吹口气，用手捏紧套口，观察是否漏气，漏气则不能使用。

③ 绝缘手套要根据电压等级选用，使用前应检查表面有无裂痕、发黏、发脆等缺陷，如有异常应禁止使用。

④ 焊工手套应有足够的长度，使用前应检查皮革或帆布表面有无僵硬、磨损、洞眼等残缺现象。

⑤ 橡胶、塑料等防护手套用后应冲洗干净、晾干，并撒上滑石粉以防粘连，保存时应避免高温。

（4）防尘口罩

目前建筑施工现场使用的常见的防尘口罩大多采用内外两层无纺布、中间一层过滤布（熔喷布）构造而成（如图 2-20 所示）。

图 2-20　防尘口罩

1）防尘口罩的适用范围

① 钢筋除锈作业。

② 淋灰、筛灰作业。

③ 搅拌混凝土作业。

④ 石材加工作业。

⑤ 木材加工机械作业。

⑥ 封闭室内或容器内的焊接作业。

2）防尘口罩的选用

① 有效性。能有效地阻止粉尘进入呼吸道。

② 适合性。要和脸型相适应，最大限度地保证空气不会从口罩和面部的缝隙不经过口罩的过滤进入呼吸道。

③ 舒适性。既能有效阻止粉尘，又要呼吸顺畅，保养方便。

3）防尘口罩的使用

防尘口罩的使用应注意以下几点：

① 仔细阅读使用说明，了解适用性和防护功能，使用前应检查是否完好。

② 进入危害环境前，应正确佩戴好防尘口罩，进入危害环境后应始终坚持佩戴。

③ 部件出现破损、断裂和丢失，以及明显感觉呼吸阻力增加时，应废弃整个口罩。

④ 发现口罩有失效迹象时，按照使用说明及时更换。

⑤ 防止挤压变形、污染进水。

⑥ 使用后要仔细保养，防尘过滤布不得水洗。

三、施工现场安全标志

施工现场对安全标志和安全色的正确使用，是安全文明施工的基本要求，既能营造良好安全文明施工环境，又能提高人们安全防范意识，在避免发生安全事故上有不可替代的作用（如图3-1所示）。安全标志的设置、安装和使用方法必须规范科学，否则就起不到安全警示作用，甚至还会带来安全隐患。

图3-1　安全色和安全标志

（一）安全标志

安全信息的标志及其设置、使用的原则必须满足《安全标志及其使用导则》GB 2894相关规定。

1. 安全标志的定义

安全标志用以表达特定安全信息的标志，由图形符号、安全色、几何形状（边框）或文字构成。

2. 安全标志的分类及作用

安全标志分禁止标志、警告标志、指令标志、提示标志四大类型。

（1）禁止标志

禁止标志是禁止人们不安全行为的图形标志。

基本形式是带斜杠的圆边框（如图 3-2 所示），其中圆环与斜杠相连用红色、图形符号用黑色、背景用白色。

共有 40 种，如：禁止吸烟（如图 3-3 所示）、禁止烟火、禁止带火种、禁止合闸、禁止乘人、禁止通行、禁止跨越、禁止伸出窗外、禁止倚靠等。

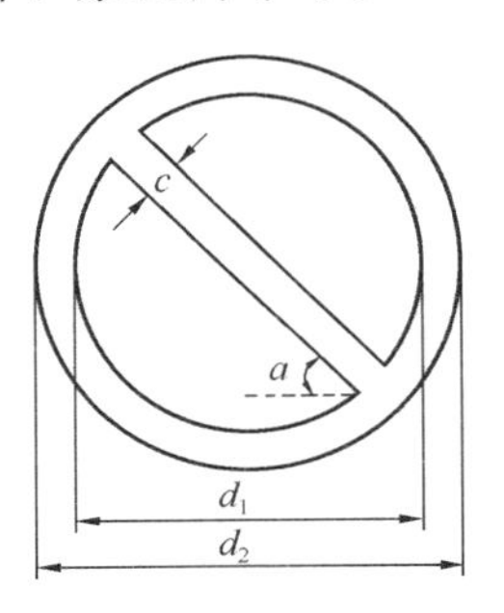

图 3-2　禁止标志的基本形式

图 3-3　禁止吸烟标志

（2）警告标志

警告标志是提醒人们对周围环境引起注意，以避免可能发生危险的图形标志。

基本形式是正三角形边框（如图 3-4 所示），其中正三角和符号用黑色、背景用黄色。

共有 39 种，如：注意安全（如图 3-5 所示）、当心火灾、当心爆炸、当心触电、当心电缆、当心塌方、当心落物、当心扎脚、当心坠落等。

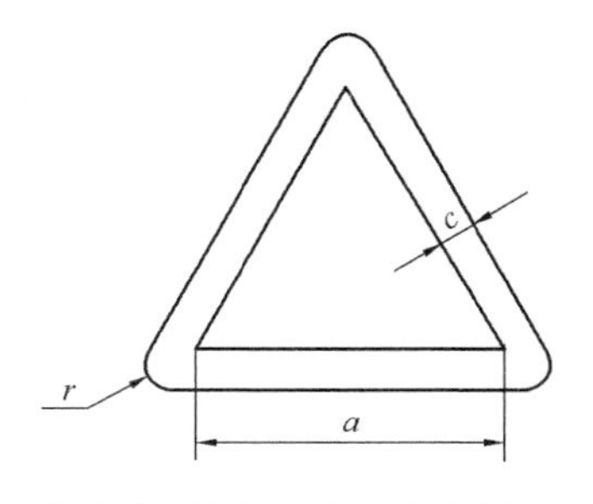

图 3-4　警告标志的基本形式

图 3-5　注意安全标志

（3）指令标志

指令标志是强制人们必须做出某种动作或采用防范措施的图形标志。

基本形式是圆形边框（如图 3-6 所示），其中图形符号用白色、背景用蓝色。

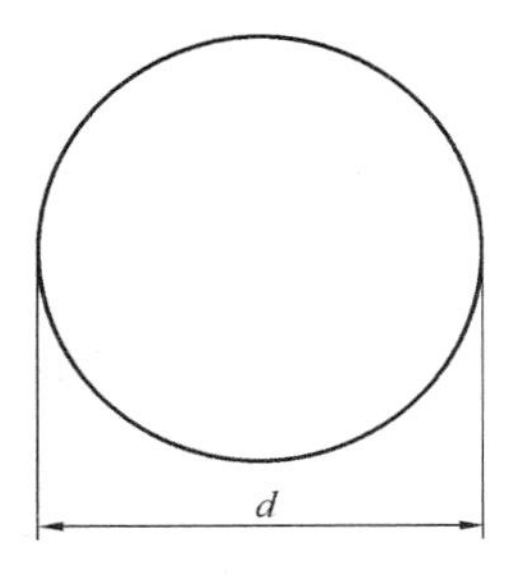

图 3-6　指令标志的基本形式

共有 16 种，如：必须戴防护眼镜、必须戴安全帽（如图 3-7 所示）、必须戴防护帽、必须系安全带、必须穿防护服、必须戴防护手套、必须穿防护鞋等。

（4）提示标志

提示标志是向人们提供某种信息（如标明安全设施或场所等）的图形标志。

基本形式是正方形边框（如图 3-8 所示），其中图形符号及

图 3-7　必须戴安全帽标志

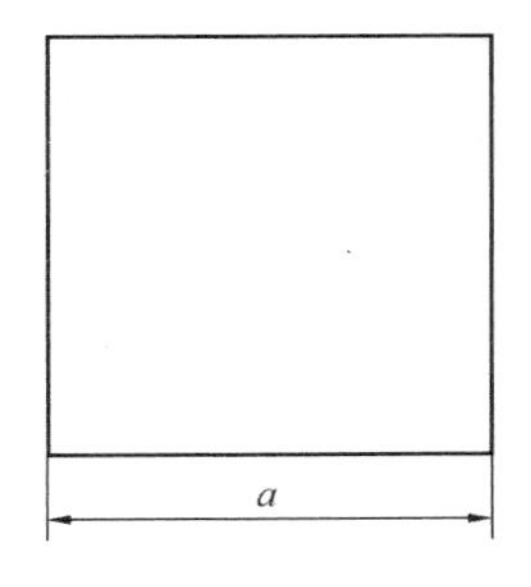

图 3-8　提示标志的基本形式

图 3-9　紧急出口标志

文字用白色，背景用绿色。

共有 8 种，如：紧急出口（如图 3-9 所示）、避险处、应急避难场所、可动火区、击碎板面、急救点、应急电话、紧急医疗站。

提示标志提示目标的位置时要加方向辅助标志。按实际需要指示左向时，辅助标志应放在图形标志的左方，表示左方为安全出口；如指示右向时，则应放在图形标志的右方，表示右方为安全出口（如图 3-10 所示）。

图 3-10　辅助标志（左右同时为安全出口）

（5）文字辅助标志

文字辅助标志的基本形式是矩形边框。

有横写和竖写两种形式。

横写时，文字辅助标志写在标志的下方，可以和标志连在一起，也可以分开。

竖写时，文字辅助标志写在标志杆的上部（如图 3-11 所示）。

文字字体均为黑体字。

（6）常见的安全标志（见附录二）。

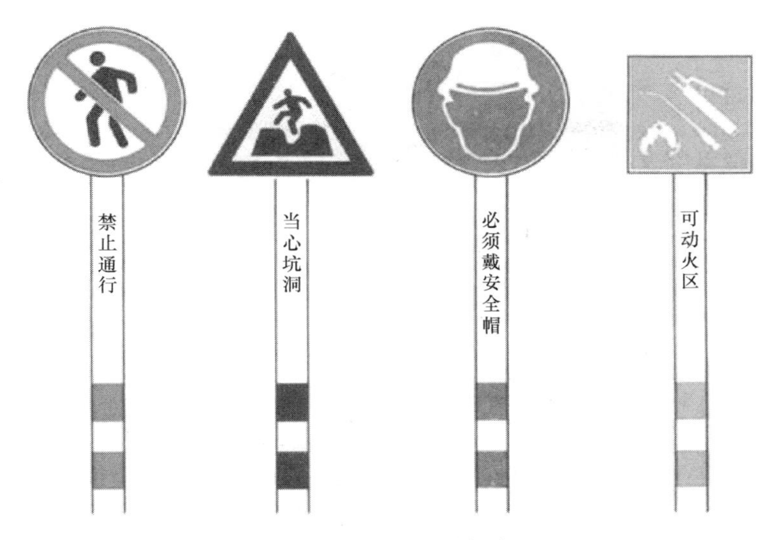

图 3-11 文字辅助标志

3. 安全标志的使用范围

（1）使用场所

安全标志使用在建筑工地、场内运输和其他有必要提醒人们注意安全的场所。

（2）使用要求

1）标志牌应设在与安全有关的醒目地方，并使大家看见后，有足够的时间来注意它所表示的内容。环境信息标志宜设在有关场所的入口处和醒目处；局部信息标志应设在所涉及的相应危险地点或设备（部件）附近的醒目处。

2）安全标识不应设在门、窗、架等可移动的物体上，以免标志牌随母体物体相应移动，影响认读。

3）多个标志牌在一起设置时，应按警告、禁止、指令、提示类型的顺序，先左后右、先上后下地排列。

4）标志牌的固定方式分附着式、悬挂式和柱式三种。悬挂式和附着式的固定应稳固不倾斜，柱式的标志牌和支架应牢固地连接在一起。

（二）安　全　色

《安全色》GB 2893 规定了传递安全信息的颜色、安全色的测试方法和使用方法。

1. 安全色的定义

（1）安全色是传递安全信息含义的颜色，包括红、蓝、黄、绿四种颜色。

（2）对比色是使安全色更加醒目的反衬色，包括黑、白两种颜色，安全色与对比色同时使用时必须按规定搭配（如表 3-1 所示）。黑色用于安全标志的文字、图形符号和警告标志的几何边框；白色用于安全标志中红、蓝、绿的背景色，也可用于安全标志的文字和图形符号。

安全色的对比色　　表 3-1

安全色	对比色
红色	白色
蓝色	白色
黄色	黑色
绿色	白色

2. 安全色的分类及作用

红色、蓝色、黄色、绿色四种安全色表征不同，传递的信息也不同。

（1）红色

1）传递禁止（如图3-12所示）、停止、危险或提示消防设备、设施的信息，对比色为白色。

2）红色与白色相间条纹，表示禁止或提示消防设备、设施位置的安全标记。

3）红色与白色相间条纹，应用于交通运输等方面所使用的防护栏杆及隔离墩；液化石油气汽车槽车的条纹；固定禁止标志的标志杆上的色带。

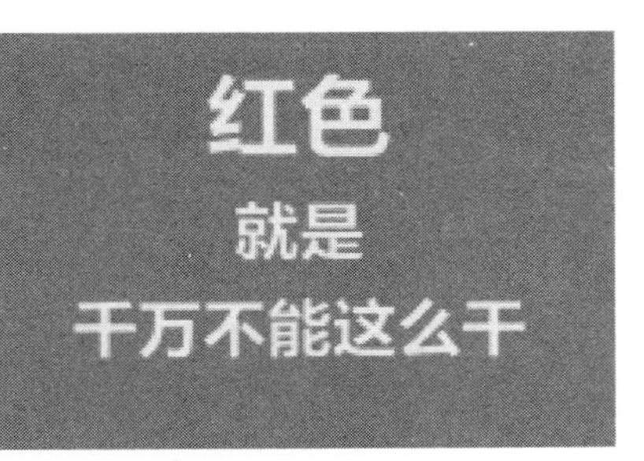

图 3-12　红色的含义

（2）蓝色

1）传递必须遵守规定的指令性信息（如图 3-13 所示），对比色为白色。

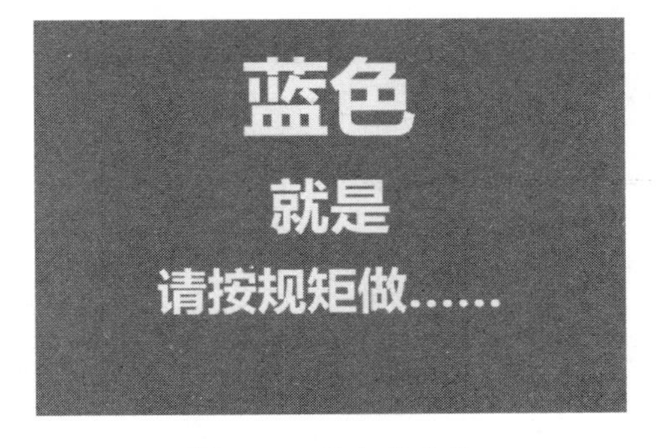

图 3-13　蓝色的含义

2）蓝色与白色相间条纹，表示指令的安全标记，传递必须遵守规定的信息。

3）蓝色与白色相间条纹，应用于道路交通的指示性导向标志；固定指令标志的标志杆上的色带等。

（3）黄色

1）传递注意、警告的信息（如图 3-14 所示），对比色为黑色。

2）黄色与黑色相间条纹，表示危险位置的安全标记。

3）黄色与黑色相间条纹，应用于各种机械在工作或移动时容易碰撞的部位，如移动式起重机的外伸腿、起重臂端部、起重

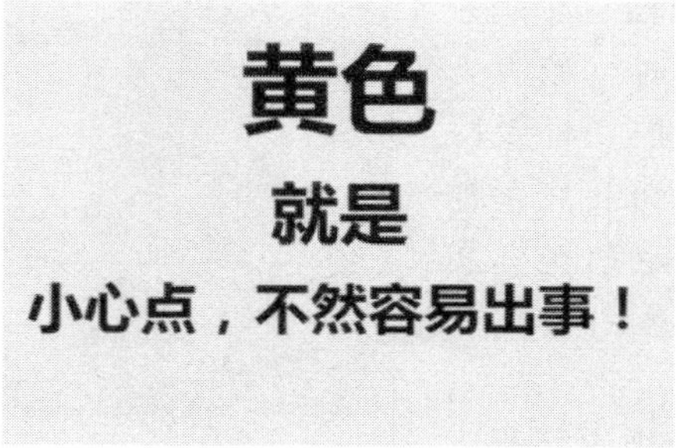

黄色
就是
小心点，不然容易出事！

图 3-14　黄色的含义

吊钩和配重；剪板机的压紧装置；冲床的滑块等有暂时或永久性危险的场所或设备；固定警告标志的标志杆上的色带等。

（4）绿色

1）传递安全的提示性信息（如图 3-15 所示），对比色为白色。

绿色
就是
不知道怎么办？跟我走吧！

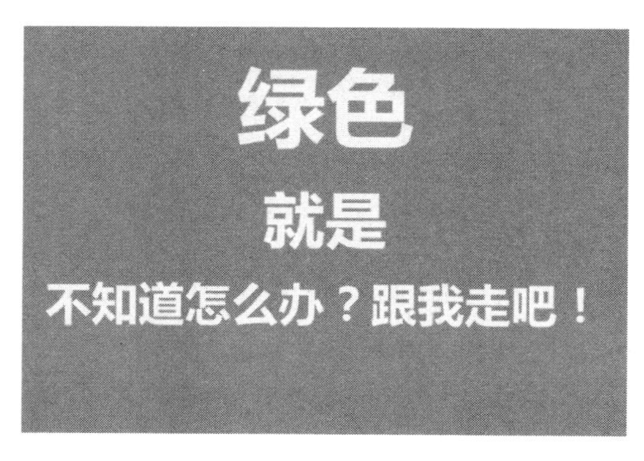

图 3-15　绿色的含义

2）绿色与白色相间条纹，表示安全环境的安全标记。

3）绿色与白色相间条纹，应用于固定提示标志杆上的色带等。

（5）安全色的使用要求（参照现行国家标准《安全标志及其

使用导则》GB 2894、《道路交通标志和标线》GB 5768)

1) 红色

各种禁止标志；交通禁令标志；消防设备标志（参照 GB 13495)；机械的停止按钮、刹车及停车装置的操纵手柄；机械设备转动部件的裸露部位；仪表刻度盘上极限位置的刻度；各种危险信号旗等。

2) 黄色

各种警告标志；道路交通标志和标线中警告标志；警告信号旗等。

3) 蓝色

各种指令标志；道路交通标志和标线中指示标志等。

4) 绿色

各种提示标志；机械启动按钮；安全信号旗；急救站、疏散通道、避险处、应急避难场所等。

（三）安全标志牌设置

安全标志要与所警示的内容相吻合，而且使用方法必须正确合理，安装位置必须科学规范，否则难以达到安全警示目的。作业施工前，应检查作业的安全设施、安全标志等，确认其完好正常，方可进行施工。

1. 安全标志牌的选型

(1) 工地、工厂等的入口处设 6 型或 7 型。

(2) 车间入口处、厂区内和工地内设 5 型或 6 型。

(3) 车间内设 4 型或 5 型。

(4) 局部信息标志牌设 1 型、2 型或 3 型。

2. 安全标志设置基本原则

(1) 安全性

安全标志牌本身不能存在安全隐患，应采用坚固耐用的材料制作，安装安全可靠，有触电危险的作业场所，应使用绝缘材料，以保证安全使用。

（2）标准性

安全标志应反映出必要的安全信息，其图形、尺寸、色彩、材质等应符合相关规定。

（3）合理性

各标志牌之间应尽量保持其高度、尺寸及与周围环境的协调统一，所设标志牌其观察距离不能覆盖时，应多设几个标志牌。

（4）可视性

标志牌应设置在明亮的环境中，标志牌前不得放置妨碍认读的障碍物。

3. 施工现场安全标志设置部位

施工单位应当在施工现场入口处、施工起重机械、临时用电设施、脚手架、出入通道口、楼梯口、电梯井口、孔洞口、桥梁口、隧道口、基坑边沿、爆破物及有害危险气体和液体存放处等危险部位，设置明显的安全警示标志。

四、高处作业安全知识

建筑施工中涉及临边与洞口作业、攀登与悬空作业、操作平台、交叉作业及安全网搭设等，应制定可行的高处作业安全技术措施并实施。高处作业施工前，应按类别对安全防护设施进行检查、验收，验收合格后方可进行作业。落实各种安全防护措施，就能有效减少高处作业时的安全事故发生。

当事故不可避免发生时，应立即启动应急救援预案，组织有效的应急救援力量，实施迅速的救护，是减少事故人员伤亡和财产损失的有效措施。

（一）高处作业的基本知识

1. 高处作业定义

高处作业是在坠落高度基准面 2m（如图 4-1 所示）及以上有可能坠落的高处进行的作业。

2. 高处作业的分类

高处作业按性质和环境的不同，可分为特殊高处作业和一般高处作业。

（1）特殊高处作业包括以下八个类别：

1）强风高处作业：在阵风风力六级（风速 10.8m/s）以上的情况下进行的高处作业。

图 4-1　高处作业示意图

2）异温高处作业：在高温

或低温环境下进行的高处作业。

3）雪天高处作业：降雪时进行的高处作业。

4）雨天高处作业：降雨时进行的高处作业。

5）夜间高处作业：室外完全采用人工照明时进行的高处作业。

6）带电高处作业：在接近或接触带电体条件下进行的高处作业。

7）悬空高处作业：在无立足点或无牢靠立足点的条件下进行的高处作业。

8）抢救高处作业：对突然发生的各种灾害事故，进行抢救的高处作业。

（2）一般高处作业：除特殊高处作业以外的高处作业。

3. 高处作业的分级与坠落半径

作业高度越高，随之而来的危险等级就越大。

（1）作业高度在 2～5m 时，称为一级高处作业，坠落范围半径 R 为 3m。

（2）作业高度在 5～15m 时，称为二级高处作业，坠落范围半径 R 为 4m。

（3）作业高度在 15～30m 时，称为三级高处作业，坠落范围半径 R 为 5m。

（4）作业高度在 30m 以上时，称为特级高处作业，坠落范围半径 R 为 6m。

4. 高处作业注意事项

（1）高处作业施工前，应对作业人员进行安全技术交底，并应记录。应对初次作业人员进行培训。

（2）高处作业人员应根据作业的实际情况配备相应的高处作业安全防护用品，并应按规定正确佩戴和使用相应的安全防护用品、用具。

（3）对施工作业现场可能坠落的物料，应及时拆除或采取固定措施。

(4) 高处作业所用的物料应堆放平稳，不得妨碍通行和装卸。

(5) 工具应随手放入工具袋。

(6) 作业中的走道、通道板和登高用具，应随时清理干净。

(7) 拆卸下的物料及余料和废料应及时清运走，不得随意放置或向下丢弃。

(8) 传递物料时不得抛掷。

(9) 在雨、霜、雾、雪等天气进行高处作业时，应采取防滑、防冻和防雷措施，并应及时清除作用面的水、冰、雪、霜。当遇有6级及以上强风、浓雾、沙尘暴等恶劣气候，不得进行露天攀登与悬空高处作业。

(10) 对需临时拆除或变动的安全防护设施，应采取可靠措施，作业后应立即恢复。

(11) 高处作业人员，一般每年需要进行一次体格检查。

(12) 坚持高处作业“十不登高”：

1) 患有登高禁忌症不登高。

2) 照明不足不登高。

3) 没有戴安全帽、系安全带不登高。

4) 遇有6级及以上强风、浓雾、沙尘暴等露天不登高。

5) 脚手架、跳板不牢不登高。

6) 梯子撑脚无防滑措施不登高。

7) 携带重物件不登高。

8) 轻质型材无牢固跳板不登高。

9) 高压线旁无遮拦不登高。

10) 饮酒后神志不清不登高。

(二) 施工现场常见高处作业防护

建筑施工中的高处作业类型多，主要包括临边作业、洞口作业、攀登作业、悬空作业、交叉作业等基本类型，这些类型是高处作业伤亡事故可能发生的主要地点，必须进行严格的安全防护，人员应根据高处作业的实际情况配备和正确使用相应的高处作业安全防护用品用具。

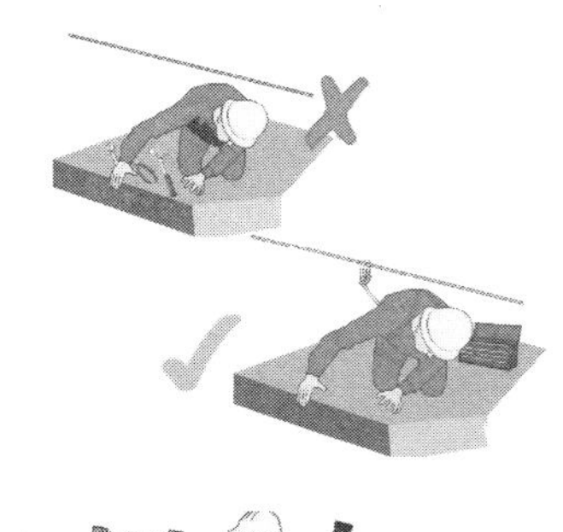

图 4-2 临边作业示意图

1. 临边作业

（1）临边作业定义

在工作面边沿无围护或围护设施高度低于 800mm 的高处作业，包括楼板边、楼梯段边、屋面边、阳台边、各类坑、沟、槽等边沿的高处作业（如图 4-2 所示）。

（2）临边作业防护措施

1）坠落高度基准面 2m 及以上进行临边作业时，应在临空一侧设置防护栏杆，并应采用密目式安全立网或工具式栏板封闭。

2）施工的楼梯口、楼梯平台和梯段边，应安装防护栏杆；外设楼梯口、楼梯平台和梯段边还应采用密目式安全立网封闭。

3）建筑物外围边沿处，对没有设置外脚手架的工程，应设置防护栏杆；对有外脚手架的工程，应采用密目式安全立网全封闭。密目式安全立网应设置在脚手架外侧立杆上，并应与脚手杆紧密连接。

4）施工升降机、龙门架和井架物料提升机等在建筑物间设置的停层平台两侧边，应设置防护栏杆、挡脚板，并应采用密目式安全立网或工具式栏板封闭。

5）停层平台口应设置高度不低于 1.8m 的楼层防护门，并应设置防外开装置。井架物料提升机通道中间，应分别设置隔离设施。

（3）防护栏杆

1）临边作业的防护栏杆应由横杆、立杆及挡脚板组成，防护栏杆应符合下列规定：

① 防护栏杆应为两道横杆，上杆距地面高度应为 1.2m，下杆应在上杆和挡脚板中间设置。

② 当防护栏杆高度大于 1.2m 时，应增设横杆，横杆间距不应大于 600mm。

③ 防护栏杆立杆间距不应大于 2m。

④ 挡脚板高度不应小于 180mm。

2）防护栏杆立杆底端应固定牢固，并应符合下列规定：

① 当在土体上固定时，应采用预埋或打入方式固定。

② 当在混凝土楼面、地面、屋面或墙面固定时，应将预埋件与立杆连接牢固。

③ 当在砌体上固定时，应预先砌入相应规格含有预埋件的混凝土块，预埋件应与立杆连接牢固。

3）防护栏杆杆件的规格及连接，应符合下列规定：

① 当采用钢管作为防护栏杆杆件时，横杆及栏杆立杆应采用脚手钢管，并应采用扣件、焊接、定型套管等方式进行连接固定。

② 当采用其他材料作防护栏杆杆件时，应选用与脚手钢管材质强度相当的材料，并应采用螺栓、销轴或焊接等方式进行连接固定。

4）防护栏杆立杆和横杆的设置、固定及连接，应确保防护栏杆在上下横杆和立杆任何部位处，均能承受任何方向 1kN 的外力作用。当栏杆所处位置有发生人群拥挤、物件碰撞等可能时，应加大横杆截面或加密立杆间距。

5）防护栏杆应张挂密目式安全立网或其他材料封闭。

2. 洞口作业

（1）洞口作业定义

在地面、楼面、屋面和墙面等有可能使人和物料坠落，其坠落高度大于或等于 2m 的洞口处的高处作业。

（2）洞口类型

建筑工程的洞口类型主要有建筑施工的楼梯口、电梯井口、通道口、预留孔洞口（如图 4-3 所示），通常称为“四口”。

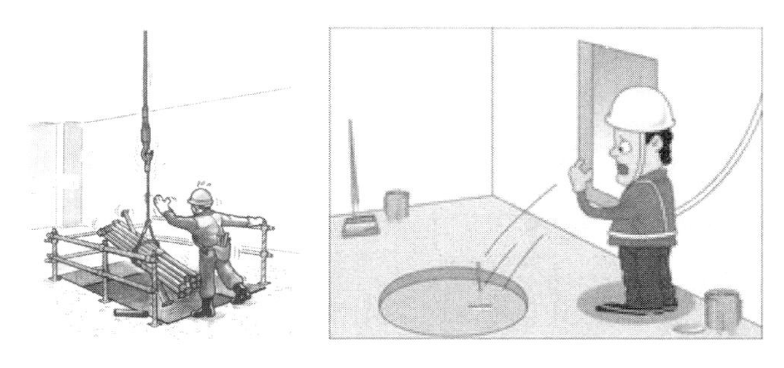

图 4-3 洞口作业示意图

（3）洞口作业防护措施

1）洞口作业时，应采取防坠落措施，并应符合下列规定：

① 当竖向洞口短边边长小于 500mm 时，应采取封堵措施；当垂直洞口短边边长大于或等于 500mm 时，应在临空一侧设置高度不小于 1.2m 的防护栏杆，并应采用密目式安全立网或工具式栏板封闭，设置挡脚板。

② 当非竖向洞口短边边长为 25～500mm 时，应采用承载力满足使用要求的盖板覆盖，盖板四周搁置应均衡，且应防止盖板移位。

③ 当非竖向洞口短边边长为 500～1500mm 时，应采用盖板覆盖或防护栏杆等措施，并应固定牢固。

④ 当非竖向洞口短边边长大于或等于 1500mm 时，应在洞口作业侧设置高度不小于 1.2m 的防护栏杆，洞口应采用安全平网封闭。

2）电梯井口应设置防护门，其高度不应小于 1.5m，防护门底端距地面高度不应大于 50mm，并应设置挡脚板。

3）在电梯施工前，电梯井道内应每隔两层且不大于 10m 加设一道水平安全平网。电梯井内的施工层上部，应设置隔离防护设施。

4）洞口盖板应能承受不小于 1kN 的集中荷载和不小于 2kN/m²的均布荷载，有特殊要求的盖板应另行设计。

5）墙面等处落地的竖向洞口、窗台高度低于 800mm 的竖向洞口及框架结构在浇筑完混凝土未砌筑墙体时的洞口，应按临边防护要求设置防护栏杆。

3. 攀登作业

（1）攀登作业定义

借助登高用具或登高设施进行的高处作业（如图 4-4 所示）。

图 4-4　攀登作业示意图

（2）攀登作业防护措施

1）登高作业应借助施工通道、梯子及其他攀登设施和用具。

2）折梯应有整体的金属撑杆或可靠的锁定装置。

3）固定式直梯顶端的踏步应与攀登顶面齐平，并应加设 1.1～1.5m 高的扶手。

4）使用固定式直梯攀登作业时，当攀登高度超过 3m 时，宜加设护笼；当攀登高度超过 8m 时，应设置梯间平台。

5）钢结构安装时，应使用梯子或其他登高设施攀登作业。坠落高度超过 2m 时，应设置操作平台。

6）当安装屋架时，应在屋脊处设置扶梯。扶梯踏步间距不应大于 400mm。屋架杆件安装时搭设的操作平台，应设置防护栏杆或使用作业人员拴挂安全带的安全绳。

7）深基坑施工应设置扶梯、入坑踏步及专用载人设备或斜道等设施。采用斜道时，应加设间距不大于400mm的防滑条等防滑措施。

图4-5　梯脚垫高使用示意图

（3）攀登作业注意事项

1）攀登作业设施和用具应牢固可靠。

2）梯脚底部坚实，不得垫高使用（如图4-5所示）。

3）固定式直梯应采用金属材料制成，材质应符合要求，支撑埋设与焊接应牢固。

4）同一梯子上不得两人同时作业。

5）深基坑施工时，作业人员严禁沿坑壁、支撑或乘运土工具上下。

6）使用单梯时梯面应与水平面成75°夹角，踏步不得缺失，梯格间距宜为300mm。

7）脚手架操作层上严禁架设梯子作业。

8）在通道处使用梯子作业时，应有专人监护或设置围栏。

4. 悬空作业

（1）悬空作业定义

在周边无任何防护设施或防护设施不能满足防护要求的临空状态下进行的高处作业（如图4-6所示）。

（2）悬空作业防护措施

1）悬空作业立足处的设置应牢固，并应配置登高和防坠落装置和设施。

2）吊装钢筋混凝土屋架、梁、柱等大型构件前，应在构件上预先设置登高通道、操作立足点等安全设施。

3）钢结构安装施工宜在施工层搭设水平通道，水平通道两侧应设置防护栏杆；当利用钢梁作为水平通道时，应在钢梁一侧

图 4-6　悬空作业示意图

设置连续的安全绳，安全绳宜采用钢丝绳。

4）在坠落基准面 2m 及以上高处搭设与拆除柱模板及悬挑结构的模板时，应设置操作平台。

5）在坠落基准面 2m 及以上高处绑扎柱钢筋和进行预应力张拉时，应搭设操作平台。

6）浇筑高度 2m 及以上的混凝土结构构件时，应设置脚手架或操作平台。

7）悬挑的混凝土梁和檐、外墙和边柱等结构施工时，应搭设脚手架或操作平台。

8）在坡度大于 25°的屋面上作业，当无外脚手架时，应在屋檐边设置不低于 1.5m 高的防护栏杆，并应采用密目式安全立网全封闭。

9）安装轻质型材板前，应采取在梁下支设安全平网或搭设脚手架等安全防护措施。

10）外墙门窗作业时，应有防坠落措施。

（3）悬空作业注意事项

1）严禁在未固定、无防护设施的构件及管道上进行作业或通行。

2）模板支撑的搭设和拆卸应按规定程序进行，不得在上下同一垂直面上同时装拆模板。

3）在进行高处拆模作业时应配置登高用具或搭设支架。

4）绑扎立柱和墙体钢筋，不得沿钢筋骨架上攀登或站在骨架上作业。

5）在轻质型材等屋面上作业，应搭设临时走道板，不得在轻质型材上行走。

6）外门窗作业时，操作人员在无安全防护措施时，不得站立在樘子、阳台栏板上作业。

7）外墙高处作业不得使用座板式单人吊具，不得使用自制吊篮。

5. 操作平台

（1）操作平台定义

由钢管、型钢及其他等效性能材料等组装搭设制作的供施工现场高处作业和载物的平台，包括移动式、落地式、悬挑式等平台（如图 4-7 所示）。

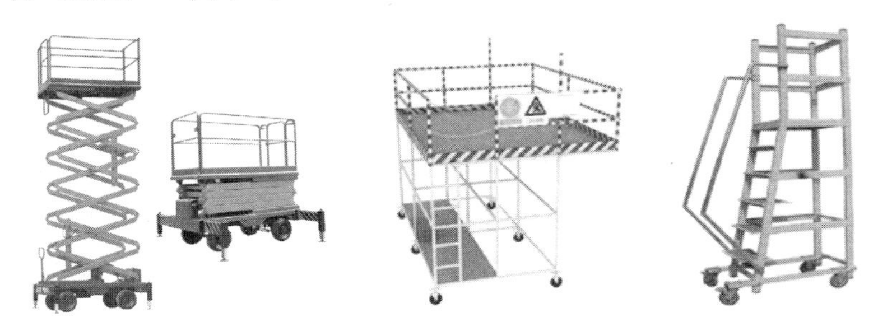

图 4-7　操作平台作业示意图

（2）操作平台安全使用

1）操作平台的架体结构应采用钢管、型钢及其他等效性能材料组装，材质应符合规定，平台面铺设的脚手板应符合材质和承载力要求，并应平整满铺及可靠固定。

2）操作平台的临边应设置防护栏杆，单独设置的操作平台应设置供人上下、踏步间距不大于 400mm 的扶梯。

3）应在操作平台明显位置设置标明允许负载值的限载牌及

限定允许的作业人数，物料应及时转运，不得超重或超高堆放。

4）操作平台使用中应每月不少于1次定期检查，应由专人进行日常维护工作，及时消除安全隐患。

（3）操作平台作业注意事项

1）移动式操作平台面积不宜大于10m^2，高度不宜大于5m，高宽比不应大于2∶1，施工荷载不应大于1.5kN/m^2。

2）移动式操作平台移动时，操作平台上不得站人。

3）落地式操作平台高度不应大于15m，高宽比不应大于3∶1，施工荷载不应大于2.0kN/m^2；当接料平台的施工荷载大于2.0kN/m^2时，应进行专项设计。

4）落地式操作平台应与建筑物进行刚性连接或加设防倾措施，不得与脚手架连接。

5）悬挑式操作平台的搁置点、拉结点、支撑点应设置在稳定的主体结构上，且应可靠连接；严禁将操作平台设置在临时设施上。

6）采用斜拉方式的悬挑式操作平台，平台两侧的连接吊环应与前后两道斜拉钢丝绳连接，每一道钢丝绳应能承载该侧所有荷载。

7）采用支承方式的悬挑式操作平台，应在钢平台下方设置不少于两道斜撑，斜撑的一端应支承在钢平台主结构钢梁下，另一端应支承在建筑物主体结构。

8）不得在悬挑式操作平台吊运、安装时上下。

6. 交叉作业

（1）交叉作业定义

垂直空间贯通状态下，可能造成人员或物体坠落，并处于坠落半径范围内、上下左右不同层面的立体作业（如图4-8所示）。

（2）交叉作业防护措施

1）交叉作业时，坠落半径内应设置安全防护棚或安全防护网等安全隔离措施。当尚未设置安全隔离措施时，应设置安全隔离区，人员严禁进入隔离区。

图 4-8　交叉作业示意图

2）处于起重机臂架回转范围内的通道，应搭设安全防护棚。

3）施工现场人员进出的通道口，应搭设安全防护棚。

4）对不搭设脚手架和设置安全防护棚时的交叉作业，应设置安全防护网。

5）当建筑物高度大于 24m 并采用木质板搭设时，应搭设双层安全防护棚。两层防护的间距不应小于 700mm，安全防护棚的高度不应小于 4m。

6）安全防护网搭设时，应每隔 3m 设一根支撑杆，支撑杆水平夹角不宜小于 45°，安全防护网应外高里低，网与网之间应拼接严密。

（3）交叉作业注意事项

1）进入现场，必须戴好安全帽，扣好帽带，并正确使用个人劳动安全防护用具。

2）施工中应尽量减少交叉作业。

3）交叉作业场所的通道应保持畅通。

4）不得在安全防护棚棚顶堆放材料。

5）隔离层、孔洞盖板、栏杆、安全网等安全防护设施严禁任意拆除。

6）在夜间和光线不足的地方禁止进行交叉作业。

7）有危险的出入口处，应设围栏或悬挂警告牌。

8）安全防护棚和警戒隔离区范围的设置应视上层作业高度确定，并应大于坠落半径。

（三）高空作业专项应急预案

为减少因高处作业造成的安全生产事故的发生做好事前预防工作，必须对高处作业进行风险分析和预防，对施工现场高处作业环节进行严格监控，对施工人员进行深入教育，严格落实应急预案演练，减少各类事故发生。若不可避免地发生事故，及时高效地启动应急预案，迅速施救，则能有效地避免或降低人员伤亡和财产损失。

1. 应急准备

（1）成立应急领导小组及职能机构，到位相关岗位人员，制定相关制度。

（2）编制应急材料、设备清单，组织相关资金，落实相关应急物资及装备。

2. 防范措施

（1）加强对施工人员的安全培训，提高施工人员的安全意识，正确使用安全帽、安全带等安全防护用品。

（2）凡能在地面上预先做好的工作，都必须在地面上工作，尽量减少高处作业。

（3）现场所有临边施工区域和孔洞应设安全警示标志，做好临边防护，覆盖或防护孔洞。

（4）高空作业使用的临时电源应布置合理、安全，电线严禁私拉乱接，用电设备必须可靠接地，设备使用前必须进行安全检查。

（5）高处作业应统一使用工具袋。

（6）高空作业使用易燃、易爆物品必须符合安全规程的要求，使用电焊、气割时必须采取有效的隔离措施。

（7）夜间进行高空作业时照明，必须满足施工要求。

3. 应急措施

（1）救援人员立即对伤者组织抢救，促使伤者快速脱离危险环境。

（2）立即联系120急救车或送往最近医院救治。

（3）保护事故现场，察看周围有无其他危险源存在。

（4）迅速向上级报告事故现场情况。

4. 应急演练

对员工进行救援知识培训，一般包括心肺复苏技术、触电急救常识、灭火设施使用技术、应急程序等基本内容。假设的事故情景，定期组织现场实际演练，使相关人员熟练处理各种事故及在紧急状态下行为方法，提高自救与互救能力，掌握救援器材和工具使用，减少安全事故发生。

五、施工现场消防安全知识

建筑施工现场消防安全工作是一项十分重要的工作。全体施工人员有必要充分认识其重要性，特别是一线操作工人更要自觉增强消防安全意识，提高安全消防工作的自觉性和高度警惕性，始终处于戒备状态，树立常备不懈的精神，学习掌握消防知识和技能，确保施工现场消防安全工作万无一失。

（一）消防通用知识

1. 消防工作方针

（1）自2009年5月1日起施行的新版《中华人民共和国消防法》（以下简称《消防法》）总则的第二条中规定“消防工作贯彻预防为主、防消结合的方针，按照政府统一领导、部门依法监管、单位全面负责、公民积极参与的原则，实行消防安全责任制，建立健全社会化的消防工作网络”。不仅明确了消防工作的方针，还明确了消防工作的原则和责任制（如图5-1所示）。

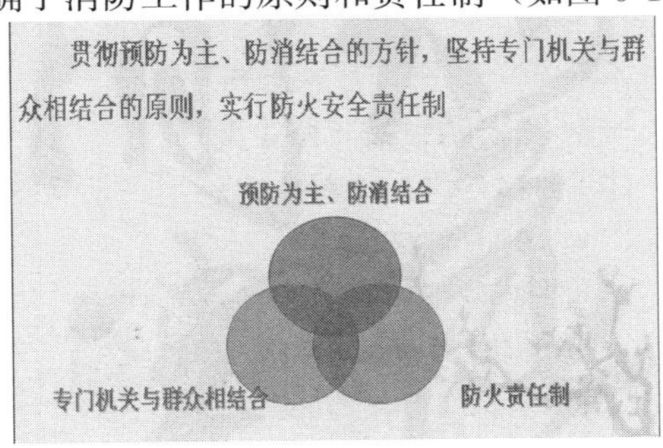

图5-1　消防工作方针

（2）《消防法》明确了消防工作的方针是“预防为主、防消结合”。该方针科学地阐明了既要“防”又要“消”的关系，正确的总结了同火灾作斗争的基本经验和客观规律。如图 5-2 所示。

图 5-2　火灾隐患降低社会效益上升

（3）注重消防“四个能力”培养。

加强建筑施工现场人员消防“四个能力”的培养（如图 5-3 所示），督促掌握“一懂三会”（如图 5-4 所示），为施工现场的安全生产做好消防工作，让广大职工夯实理论思想基础的同时，面对火灾及爆燃事故的发生，能够做到临危不乱、果断处置，保护自己及他人生命的同时，尽最大限度减少施工单位及国家财产损失。

消防安全“四个能力”

1、消防安全知识宣传教育培训能力；

2、检查和整改火灾隐患能力；

3、扑救初期火灾能力；

4、组织引导人员疏散逃生能力。

图 5-3　消防四个能力内容

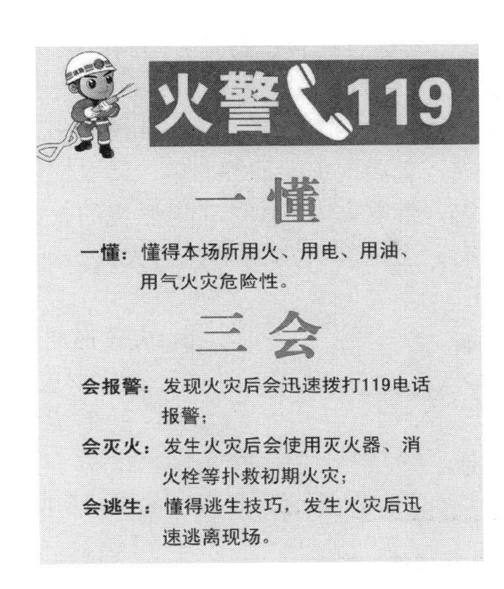

图 5-4　消防“一懂三会”

2. 火灾分类及特性

在各种灾害中，火灾是最经常、最普遍地威胁公众安全和社会发展的主要灾害之一。

（1）火灾的定义

依据不同的标准，火灾有不同的定义。在现行国家标准《消防基本术语（第一部分）》GB 5907 中第 1.14 条对火灾解释定义是“在时间或空间上失去控制的燃烧所造成的灾害”。

（2）火灾分类及特性

根据燃料的性质，按标准化的方法，进行的火灾分类。

依据现行国家标准《火灾分类》GB /T 4968，根据可燃物的类型和燃烧特性将火灾定义为六个不同的类型。

① A 类火灾：固体物质火灾。这种物质通常具有有机物性质，一般在燃烧时能产生灼热的余烬。如木材、干草、煤炭、棉、毛、麻、纸张等火灾。

② B 类火灾：液体或可熔化的固体物质火灾。如煤油、柴

油、原油、甲醇、乙醇、沥青、石蜡、塑料等火灾。

③ C 类火灾：气体火灾。如煤气、天然气、甲烷、乙烷、丙烷、氢气等火灾。

④ D 类火灾：金属火灾。如钾、钠、镁、铝镁合金等火灾。

⑤ E 类火灾：带电火灾。物体带电燃烧的火灾。

⑥ F 类火灾：烹饪器具内的烹饪物火灾。如动物油脂、植物油脂火灾。

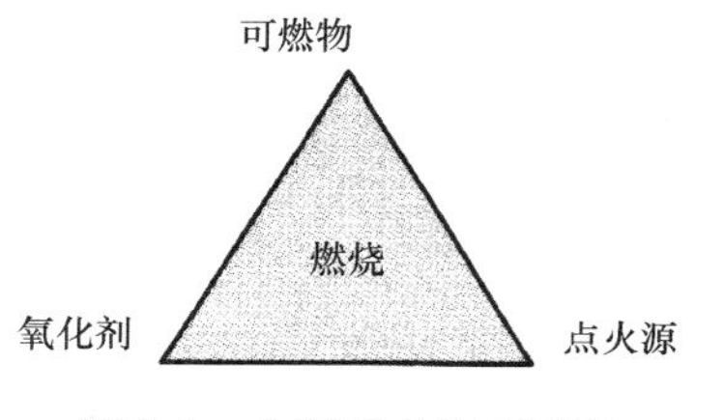

图 5-5　火灾形成的三要素

3. 火灾形成的条件和原因

1）火灾形成的条件

火灾的形成最少应具备三个条件，也称为火灾形成的三要素（如图 5-5 所示）。

① 可燃物。凡能与空气中的氧和其他氧化剂起化学反应的物质，均称为可燃物。如木材、氢气、油漆、纸张、天然气、汽油、酒精、硫等。

② 氧化剂。凡是能和可燃物结合导致和帮助、支持燃烧的物质，均称氧化剂（又称助燃物）。如空气中的氧气等。广义上说，可燃物的燃烧均是指在空气中进行的燃烧。

③ 点火源。凡是能引起物质燃烧的点燃能源，均称为点火源。如火焰、火星和电火花、电弧、雷击、高温、自燃等。

燃烧的发生和发展，是只有同时具备上述三个条件，可燃物、氧化剂和点火源，并相互作用下，由其本身所进行的生物、物理或化学作用而产生热，当达到一定的温度时，发生的自动自燃现象。如果有一个条件不具备，那么燃烧就不会发生。

2）火灾形成的常见原因

① 直接原因

A. 违规使用明火的现象层出不穷，在施工现场对使用明火问题管理非常不规范。

a. 放火。主要是指采用人为放火的方式引起的火灾。

b. 玩火。主要是指未成年儿童因缺乏看管，玩火取乐造成的火灾。

c. 生活用火不慎。主要是指职工生活用火不慎引起的火灾。

d. 生产作业用火不慎。主要是指生产作业过程中违反生产安全管理制度引起的火灾。

B. 电气。主要是指电气设备过负荷、电气设备故障、电气设备设置和使用不当、电气线路接头接触不良、电气线路短路等原因引起的火灾。

a. 电量使用量大，线路的铺设不规范。

b. 施工中常使用大量施工机械，导致大幅电量的使用。

c. 违规私拉乱接电线的问题频发，出现很多安全隐患。

C. 设备故障。主要是指在生产生活中，未按照规定对设施设备进行维护保养，造成在使用过程中因摩擦、过载、短路造成局部过热，无法正常运行而引起的火灾。

a. 设备自身缺陷引起的故障火灾。

b. 施工安装不当引起的设备故障火灾。

c. 操作失误引起的设备故障火灾。

d. 大功率设备缺少通风散热设施或通风散热设施损坏造成过热而引发火灾。

e. 年久失修或维护保养不符合相关规定引起的设备故障火灾。

D. 雷击。主要是指在雷击区，建筑物、构筑物及其他设施上没有设置可靠的防雷保护设施而发生的雷击起火引起的火灾。

a. 引起可燃物迅速燃烧引起火灾。

b. 金属融化引起火灾。

E. 吸烟。主要是指烟蒂和点烟后未熄灭的火柴梗温度可达到 800℃，而引起许多可燃物质的燃烧引起的火灾。

a. 施工单位对烟头点火源的管理工作不够重视。

b. 施工下场吸烟人数很多，对其管理不够完善。

② 间接原因

A. 施工现场人员安全意识低。

a. 施工单位现场人员缺乏必要的消防安全知识，消防安全基本素质不足，不了解必要的消防职责（如图 5-6 所示），没有安全意识。

图 5-6　缺乏安全意识

b. 现场人员通常认为这都是建设单位或主管部门要做的，与自己无关，且多数都是未经过严格消防安全培训的临时性人员，他们消防意识淡薄，平常不注重学习培训，火灾发生临时“抱佛脚”（如图 5-7 所示），必然会发生火灾事故。

图 5-7　突击技能培训

B. 安全管理不到位。

有些施工现场甚至没有消防安全制度，管理就无从谈起，施工负责人往往只重视工程的施工进度而忽视消防安全的管理，拖拉拖延借口多（如图 5-8 所示），一旦发生安全事故追悔莫及。

图 5-8　忽视消防管理

4. 施工现场易发火灾场所

施工现场客观存在火灾危险源，易发生火灾的场所比较多，归纳起来大致如下：

（1）宿舍、办公用房、厨房操作间、锅炉房

许多建筑工地宿舍、办公用房、厨房操作间、锅炉房等临时建筑物的布局不够合理，若出现火灾，势必会导致严重后果，临时用房发生火灾，损失惨重。甚至将临时设施设置在高压线下或距离不符合要求（如图 5-9 所示）。

（2）生产区库房、可燃材料和易燃易爆危险品加工存放及使用场所

施工现场可燃、易燃易爆性的危险品多（如图 5-10 所示），一旦发生火灾蔓延迅速，必将带来不可预估的后果。

图 5-9　临时设施与高压线距离不符合要求

图 5-10　易燃易爆材料混放

（3）加工场、动火作业场所、配电室及发电机房、建筑工地的加工场、固定及临时动火作业场所、配电室、发电机房等场所消防条件较差，埋下严重安全隐患。

（4）装饰装修的部位

许多建筑装饰装修日益高档、豪华，各种耐火极限不同装饰材料大量涌现，许多施工单位忽视消防安全，因此亟待加强对建筑装饰装修的消防管理（如图 5-11 所示）。

（5）节能保温系统

图 5-11　装修工程火灾

由于保温材料自身的可燃性和施工过程中的管理缺陷，不论在既有建筑节能保温改造还是新建建筑节能保温施工中火灾时有发生。

5. 消防安全管理措施与制度

即通过人力防范、技术防范、制度防范相结合，从一系列的制度和措施及管理等多方面为抓手，层层把关，达到建筑施工现场消防安全的目的（如图 5-12 所示）。

（1）消防安全管理措施

1）建立消防组织体系

图 5-12　综合消防措施

建筑施工现场应当成立以项目负责人为组长、各部门参加的消防安全领导小组，建立健全消防制度，组织开展消防安全检查，一旦发生火灾事故，负责指挥、协调、调度扑救工作。

2）确定消防安全责任人

消防安全责任人组织实施本单位消防管理工作，召开消防安全例会，分析消防工作形势，研究部署消防工作任务，组织防火安全检查，督促单位及时整改火险隐患、协助消防机构做好火灾扑救工作及火灾事故调查工作。

3）编制消防预案。工程项目部应当根据工程实际情况，编制火灾事故应急救援预案，有效组织开展消防演练。

4）组织消防安全知识宣传教育培训。施工现场项目部在安全教育的同时，开展形式多样的宣传教育，普及消防知识，提高员工防火警惕性（如图 5-13 所示）。

图 5-13　消防安全知识教育

5）定期进行消防安全检查、巡查，消除火灾隐患。安全部门负责日常监督检查工作，安全巡视的同时进行消防检查，推动消防安全制度的贯彻落实，真正做到防患于未然。

6）执行动火审批制度，否则就禁止动火作业（如图 5-14 所示），按照安全技术交底要求采取有效防范措施并有专人监护后再作业（如图 5-15 所示）。

7）成立义务消防队。义务消防队由消防安全领导小组确定，发生火灾时，按照领导小组指挥，积极参加扑救工作。

8）开展灭火和疏散逃生演练。通过演练能加强施工现场的安全生产工作，确保在发生火灾时能及时有效进行扑救，让现场人员熟悉消防设施、熟练使用消防器材、提高处置初起火灾的能力（见图 5-16 所示）。

图 5-14　未办理动火证禁止动火作业

图 5-15　动火监护作业

图 5-16　消防应急演练

9）宿舍内不卧床吸烟，不私接乱接电线（如图 5-17 所示）、不使用大功率用电器具。

图 5-17　私拉乱接

10）严禁宿舍内存放违禁及易燃物品

宿舍内存放雷管、炸药、烟花、爆竹、汽油及柴油等违禁及易燃物品，容易引起爆炸火灾等事故。

11）人走灯灭、电器停。可以避免使用电器无人看管，人走不断电引起的电气火灾事故，否则极易引起火灾事故。

12）熟悉消防器材的位置，不随意挪用（如图 5-18 所示），保证在火灾发生时准确地找到消防器材并使用，不至于惊慌失措而盲目地四处寻找。严禁在消防栓、灭火器等消防设备前摆放杂

图 5-18　消防器材、禁止挪用

物，影响火灾时消防设备的取用。

13）熟悉疏散路线，发生火灾按疏散指示有序撤离

一定要稳定情绪，克服惊慌，冷静地选择逃生办法和途径就是要熟悉环境，要留心地看一下防火安全门、安全出口的位置，报警器、消火栓、灭火器的位置，以及有可能作为逃生器材的物品。

14）学会正确使用消防器材，可及时扑灭火灾。掌握了消防器材的使用知识和应急处理程序，才能在火灾发生时及时灭火（如图 5-19 所示）。

图 5-19　正确使用灭火器

15）建立健全消防档案

消防档案应当包括消防安全基本情况和消防安全管理情况。消防档案应当详实，全面反映单位消防工作的基本情况，并附有必要的图表，根据情况变化及时更新。

（2）消防安全管理制度

1）消防安全责任制

施工现场的消防工作要贯彻“预防为主，防消结合”的方针，成立消防安全小组，根据《中华人民共和国消防法》和有关

规定，制定消防安全责任制（如图 5-20 所示），完整齐全的各项责任制。

图 5-20　消防安全责任制

2）消防安全教育与培训制度

主要是施工现场要创办消防知识宣传栏、开展知识竞赛、开展等多种形式的安全教育及培训，提高全体员工的消防意识，不能等真正出了事故后悔，醒悟后再亡羊补牢。

3）消防安全检查、巡查制度

主要是落实逐级消防安全岗位责任制，消防工作归口管理，每日对施工现场进行防火巡查及定期和不定期的检查。

4）消防安全疏散设施管理制度

主要是禁止在疏散楼梯和通道上堆放杂物，确保疏散通道畅通；禁止将安全出口上锁、遮挡；常闭式防火门开启后，应随手关闭；不得随意遮挡、挪用、损坏应急照明灯具及疏散指示标志；严禁随意操作防火卷帘等设施。

5）消防设施器材维护管理制度

主要是消防器材按规定配置数量、型号类型，合理设置分布点；建立灭火器、自救面具等器材的维护保养管理档案；各部门维护管理责任人配合安全部门检查责任区域的消防器材情况。

6）消防（控制室）值班制度

主要是做好消防值班记录，处理消防报警电话。火灾确认后，消防控制室必须立即启动单位内部灭火和应急疏散预案，并应同时报告单位负责人，认真做好控制室值班工作（如图 5-21 所示）。

7）火灾隐患整改制度

主要是保证安全整改措施落实，要制定整改措施，落实方案，严格落实整改完成时间，整改任务责任人，整改资金到位，责任人，使存在的危险有害因素得到及时的治理和排除，确实必要时应封停危险作业场所（如图 5-22 所示）。

图 5-21　消防值班

图 5-22　封停火灾隐患场所

8）用火、用电、用气管理制度

主要是用火、用电、用气应认真执行相关专业操作规程和检修制度，进场作业前必须采取切实有效的安全措施，要确定专人负责，否则可能引起火灾（如图 5-23 所示），工人宿舍因为违反安全用电管理制度发生了严重的火灾事故。

9）应急预案演练制度。

主要是制订应急准备和响应计划，确保事故发生时能迅速组织力量并采取正确的措施，将事故损失减至最低。通过对应急预案的学习演练，提高反事故能力。

10）可燃及易燃易爆危险品管理制度。

易燃易爆物品应有专用的库房，配备必要的消防器材设施，仓管人员必须由消防安全培训合格的人员担任（如图 5-24 所示），其不安全行为将形成可怕的火灾隐患。

图 5-23　宿舍违规用电火灾

图 5-24　仓管员违规巡查油库

11）专职（志愿）消防队的组织管理制度

主要是发现初起火灾时，及时报警、利用灭火器材扑救初起火灾、抢救生命、疏散物资、维护秩序、保护火灾现场。当公安消防队到达现场时，要迅速准确地提供情况，在火场总指挥的指挥下，紧密配合公安消防队，协同作战。

12）动火审批制度

主要是应根据火灾危险程度及生产、维修、建设等工作的需要，施工作业用火前经使用单位提出申请，施工单位安全、防火部门登记审批，划定“固定动火区”（如图 5-25 所示），挂牌标识，领取动火证后，方可在指定的地点、时间内作业。固定动火区以外一律为禁火区。

13）消防安全工作考评和奖惩制度

主要是对施工现场各部门消防安全工作情况进行考评、由单位相关部门具体执行考评工作、考评结果上报至本单位消防安全责任人审批后，根据考核评级结果区别管理（如图 5-26 所示），奖优罚劣，执行不同的奖惩措施。

图 5-25　动火区标识

图 5-26　信用级别考核

（二）动火安全工作

1. 动火区域划分

根据工程选址位置、所处周围环境、平面布置、施工工艺和施工部位不同，建筑施工现场动火区域一般可分为三个等级。

1）一级动火区，也称禁火区域。

凡属下列情况之一的动火，均为一级动火。

① 禁火区域内，违反动火操作规定，会引发火灾；

② 油罐、油箱、油槽车和储存过可燃气体、易燃液体的容器及与其连接在一起的辅助设备；

③ 各种受压设备；

④ 危险性较大的登高焊、割作业；

⑤ 比较密封的室内、容器内、地下室等场所；

⑥ 现场堆有大量可燃和易燃物质的场所。

2）二级动火区。凡属下列情况之一的动火，均为二级动火

① 在具有一定危险因素的非禁火区域内进行临时焊、割等用火作业；

② 小型油箱等容器用火作业；

③ 登高焊、割等用火作业。

3）三级动火区。在非固定的、无明显危险因素的场所进行用火作业，均属三级动火作业。

① 无易燃易爆危险物品处的动火区域；

② 施工现场燃煤茶炉处；

③ 冬季燃煤取暖的办公室、宿舍等生活设施。

施工单位应做到动火作业先申请，后作业，不批准，不动火（如图 5-27 所示），拒绝违章指挥动火作业。

图 5-27　拒绝违章指挥动火作业

图 5-28　动火审批

在施工现场禁火区域内施工，应当教育施工人员严格遵守消防安全管理规定，动火作业前必须按照规定程序办理动火审批手续，取得动火证（图 5-28 所示）；动火证必须注明动火点、动火时间、动火人、现场监护人、批准人和防火措施。动火证制度是消防安全的一项重要制度。动火证的管理由安全生产管理部门负责，施工现场动火证的审批由工程项目部负责人审批。动火作业没经过审批的，一律不得实施动火作业，且动火证要专证专用。

2. 动火工作注意事项

动火作业是指有导致产生燃烧火源的作业。如电焊、气焊（割）、喷灯、电钻、砂轮、切割或用火熬炼、烘烤、焚烧废物等进行可能产生火焰、火花和炽热表面的非常规作业。因此，动火作业需要注意安全的事项很多。

1）动火作业前的准备工作要充分

① 施工现场需进行动火作业前，必须按使用单位的规定办理动火、用电手续，禁止在手续不完备的情况下开始作业。

② 对施工现场采用的具有易燃、易爆特性的溶液、溶剂、试剂等，使用前视同动火作业，应告之被检单位，办理作业动火手续。

③ 动火作业应有专人监护，做好动火作业场所的安全检查，清除周边各种可燃物，禁止放置易燃物品。

④ 检查动火作业设备是否完整、电源进线和二次线是否安全。

⑤ 施工前应检查确认需动火的锅炉、炉、器、塔、釜、罐、槽车等机具设备和管线已进行动火分析和含氧量测定，已清除内部易燃易爆等可燃物，且分析数据合格。

⑥ 分析数据合格后，动火前人在设备外边进行设备内明火试验，进入设备内部作业按进入设备内部（含管道）作业安全注意事项执行。

⑦ 检查确认现场已配备的应急救护器具和灭火器材，确保紧急时使用。

⑧ 做好动火作业人员的自身防护很重要（如图 5-29 所示）。

2）动火作业事中采取的方法要正确

① 禁止在易燃易爆场所和禁火区内进行动火作业，将作业现场的危险物品转移到安全地带。

② 对可燃气体的容器

图 5-29　动火防护

和管道动火作业时，可以将惰性气体、水蒸气或水注入容器、管道内，把残留的可燃气体置换出来。

③ 对储存过易燃液体的设备和管道进行动火作业前，先用水、蒸汽或酸液、碱液把残留的易燃液体清洗掉。

④ 加强通风，在易燃易爆和有毒气体的室内动火作业时，先进行通风。

⑤ 动火作业结束后及时彻底清理现场，消除遗留火种，操作人员必须对周围现场进行安全确认，整理整顿现场，在确认无任何火源隐患的情况下，方可离开现患

⑥ 关闭电源和气源，保管好动火作业工具设备。

3）动火作业事后经验总结、管理记录归档要及时

① 动火作业结束后，工作负责人、动火执行人会同运行许可人、消防监护人共同到现场检查验收。确认无问题时，办理终结手续。

② 动火作业结束后，应认真总结动火工作经验、管理记录等归档要及时。

（三）消防器材的使用和配置

1. 消防器材的分类

消防器材的种类有很多，主要包括灭火器、消火栓系统、消防破拆工具及水，其他还有消防水池、消防砂、消防桶、消防铣、消防钩等。

（1）灭火器

灭火器是一种可由人力移动的轻便灭火器具，它能在其内部压力作用下，将所充装的灭火剂喷出，用来扑救火灾。灭火器种类繁多，其适用范围也有所不同，只有正确选择灭火器的类型，才能有效地扑救不同种类的火灾，达到预期的效果。按其移动方式可分为手提式和推车式；按驱动灭火剂的动力来源可分为储气瓶式和储压式；按灭火类型分为A类灭火器、B类灭火器、C类

灭火器、D类灭火器、E类灭火器；按所充装的灭火剂则又可分为水基型灭火器、干粉灭火器、二氧化碳灭火器、洁净气体灭火器，也是根据现行国家标准《建筑灭火器配置验收及检查规范》GB 50444的规定，目前常用灭火器的类型。

1）水基型灭火器是指内部充入的灭火剂是以水为基础的灭火器（如图5-30所示）。常用的水基型灭火剂又分为清水灭火器、水基型泡沫灭火器、水基型水雾灭火器三种。

图5-30 水基型灭火器

2）干粉灭火器内装的是干粉灭火剂，是以氮气作为驱动动力，将筒内的干粉喷出灭火的灭火器（如图5-31所示）。

3）二氧化碳灭火器的容器内充装的是二氧化碳气体，靠自身的压力驱动喷出进行灭火（如图5-32所示）。二氧化碳是一种不燃烧的惰性气体。它在灭火时具有二大作用：窒息作用和冷却作用。

图5-31 干粉灭火器

图5-32 二氧化碳灭火器

4）洁净气体灭火器（如图5-33所示）是将洁净气体灭火剂直接加压充装在容器中，使用时，灭火剂从灭火器中排出形成气雾状射流射向燃烧物，当灭火剂与火焰接触时发生一系列物理化学反应，使燃烧中断，达到灭火目的。

图 5-33 洁净气体灭火器

(2) 消火栓系统

1) 室内消火栓给水系统是建筑物应用最广泛的一种消防设施，由消防给水基础设施、消防给水管网、室内消火栓设备、报警控制设备及系统附件等组成。室内消火栓设备包括水枪、水带、水喉等。

2) 室外消火栓给水系统通常是指室外消防给水系统，由消防水源、消防供水设备、室外消防给水管网和室外消防栓灭火设施组成。

(3) 破拆工具类，包括消防斧、切割工具等。至于其他的，都属于消防系统了，如火灾自动报警系统、自动喷水灭火系统、防排烟系统、防火分隔系统、消防广播系统、气体灭火系统、应急疏散系统等。

(4) 水是一种最常用、使用最方便的灭火剂，但要注意由于水通常属于导电物质，不能用于扑救带电设备的火灾（如图5-34所示）。

图 5-34 严禁用水灭电器设备火灾

(5) 其他类简单介绍（如图 5-35 所示）

1) 消防水池是人工建造的供固定或移动消防水泵吸水的储水设施。

2) 消防砂是消防所用专用砂，成分为建筑所用的干燥黄砂，主要用于扑灭配电房、油制品、易燃化学品之类的火灾。

图 5-35 消防桶、铣、砂池等

3）消防桶是供扑救火灾时，用以盛装黄砂，扑灭配电房、油脂、镁粉等火灾，也可用以盛水，扑灭一般物质的初起火灾。

4）消防铣是用来往消防桶等其他工具里盛装消防砂或直接铲消防砂灭火的工具。

5）消防钩消防传统的灭火救援工具，最常见的用途是利用前端的铁钩挖掘开燃烧物、障碍物、覆盖物等等。

2. 消防器材的现场管理与配备

（1）施工现场临时消防设施管理配备的总体要求

1）施工现场应设置灭火器、临时消防给水系统和应急照明等临时消防设施，不能以任何借口影响消防资金的投入。

2）临时消防设施应与在建工程的施工同步设置，房屋建筑工程中，临时消防设施的设置与在建工程主体结构施工进度的差距不应超过 3 层。

3）在建工程可利用已具备使用条件的永久性消防设施作为临时消防设施。当永久性消防设施无法满足使用要求时，应增设临时消防设施。

4）施工现场的消火栓泵应采用专用消防配电线路。专用消防配电线路应自施工现场总配电箱的总断路器上端接入，且应保持不间断供电（如图 5-36 所示）。

5）临时消防给水系统的贮水池、消火栓泵室内消防竖管及水泵接合器等应设置醒目标识（如图 5-37 所示）。

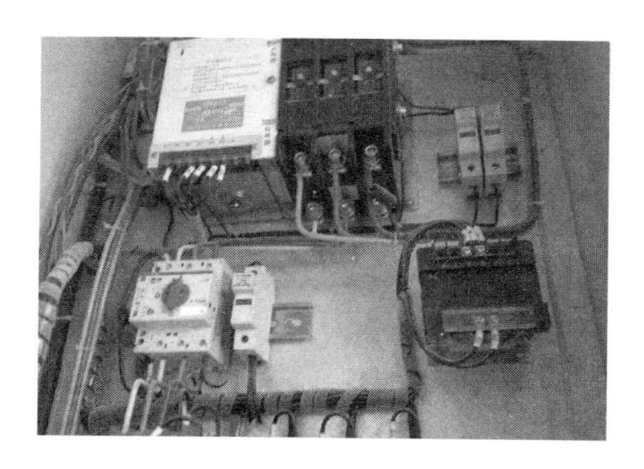

图 5-36　消防泵专用配电柜

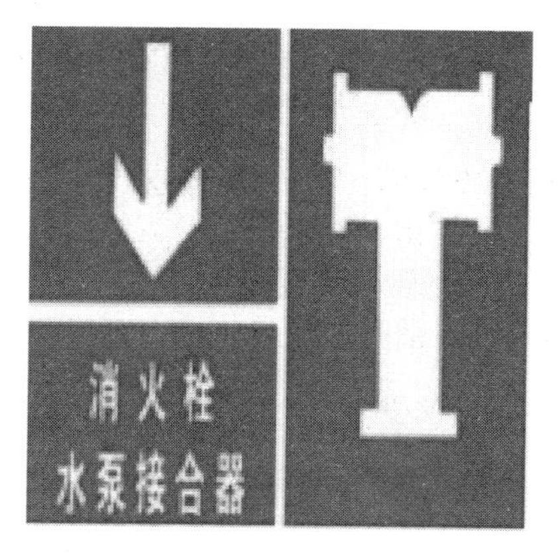

图 5-37　消火栓水泵接合器

（2）在建工程及临时用房应配置灭火器的场所

1）易燃易爆危险品存放及使用场所。

2）动火作业场所。

3）可燃材料存放、加工及使用场所。

4）厨房操作间、锅炉房、发电机房、变配电房、设备用房、办公用房、宿舍等临时用房。

5）其他具有火灾危险的场所等，具有可燃危险的外墙装饰施工部位。

（3）施工现场灭火器配置规定

1）灭火器的类型应与配备场所可能发生的火灾类型相匹配。

2）灭火器的最低配置标准应符合表 5-1 的规定。

灭火器的最低配置标准　　表 5-1

项目	固体物质火灾		液体或可熔化固体物质火灾、气体火灾	
	单具灭火器最小灭火级别	单位灭火级别最大保护面积（m^2/A）	单具灭火器最小灭火级别	单位灭火级别最大保护面积（m^2/B）
易燃易爆危险品存放及使用场所	3A	50	89B	0.5
固定动火作业场	3A	50	89B	0.5
临时动火作业点	2A	50	55B	0.5
可燃材料存放、加工及使用场所	2A	75	55B	1.0
厨房操作间、锅炉房	2A	75	55B	1.0
自备发电机房	2A	75	55B	1.0
变配电房	2A	75	55B	1.0
办公用房、宿舍	1A	100	—	—

3）灭火器的配置数量应按现行国家标准《建筑灭火器配置设计规范》GB 50140 的有关规定经计算确定，且每个场所的灭火器数量不应少于 2 具。

① 临时搭设的建筑物区域内每 100m^{2}配备 2 只 10L 灭火器。

② 大型临时设施总面积超过 1200m^2，应配有专供消防用的消防桶、消防锹、黄砂池（如图 5-38 所示），且周围不得堆放易燃物品。

③ 临时木工间、油漆间、机具间等，每 25m^{2}配备一只灭火器。油库、危险品库应配备数量与种类合适的灭火器、高压

图 5-38　大型临时设施设备

水泵。

4）灭火器的最大保护距离应符合表 5-2 的规定。

灭火器的最大保护距离（m）　　**表 5-2**

灭火器配备场所	固体物质火灾	液体或可熔化固体物质火灾、气体火灾
易燃易爆危险品存放及使用场所	15	9
固定动火作业场	15	9
临时动火作业点	10	6
可燃材料存放、加工及使用场所	20	12
厨房操作间、锅炉房	20	12
发电机房、变配电房	20	12
办公用房、宿舍	25	—

（4）施工现场或其附近应设置稳定、可靠的水源，并应能满足施工现场临时消防用水的需要。消防水源其进水口一般不应少于两处。

3. 现场消防器材的性能、用途和使用方法

建筑施工现场常用的消防器材有临时消防水池、消防砂、消防桶、消防铣、消防钩以及灭火器等。现仅选用消防水池及介绍几种常见灭火器的性能、用途和使用方法。

（1）临时消防水池

1）当外部消防水源不能满足施工现场的临时消防用水量要

求时，应在施工现场设置临时贮水池。临时贮水池宜设置在便于消防车取水的部位，其有效容积不应小于施工现场火灾延续时间内一次灭火的全部消防用水量。

2）消防水池与建筑物之间的距离，一般不得小于 10m，在水池的周边留有消防车道。在冬季或者寒冷地区，消防水池应有可靠的防结冰措施。

（2）常见灭火器用途及使用方法（如图 5-39 所示）。

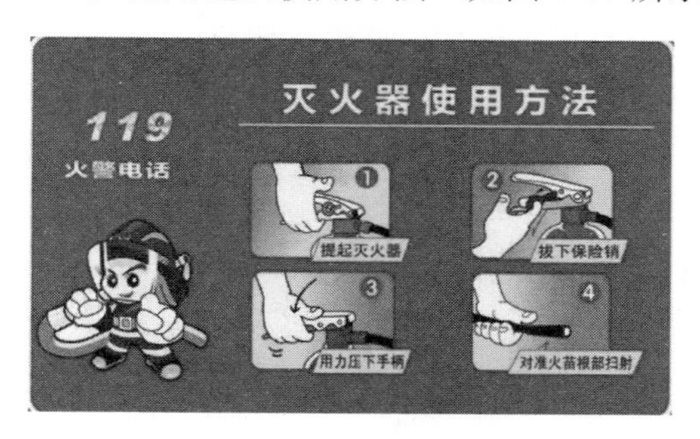

图 5-39 常用灭火器使用方法

1）1211 灭火器：使用二氟一氯一溴甲烷灭火剂，并充填压缩氮；可用于扑救电气设备、油类、化工化纤原料初起火灾；射程约 2.5m，使用时拔下铅封或横销，用力压下压把即可。

2）二氧化碳灭火器：使用液态二氧化碳灭火剂，可用于扑救电气精密仪器、油类和酸类火灾；不能扑救钾、钠、镁、铝物质火灾；射程约 3m，使用时一手拿喇叭筒对着火源，另一手打开开关。

3）干粉灭火器：使用钾盐或钠盐干粉灭火剂，盛装在有压缩气体的小钢瓶内，可用于扑救电气设备火灾及石油产品、油漆、有机溶剂、天然气火灾，不宜扑救电机火灾；射程约 4.5m，使用时提起圈环，干粉即可喷出。

4）四氯化碳灭火器：使用四氯化碳液体；可用于扑救电气设备火灾；不能扑救钾、钠、镁、铝、乙炔、二硫化碳等火灾；

射程约 7m，使用时打开开关，液体即可喷出。

（四）现场消防安全

1. 施工现场防火平面设置

施工现场的平面布局应以施工工程为中心，明确划分出用火作业区、禁火作业区（易燃、可燃材料的堆放场地）、仓库区、现场生活区和办公区等区域；应设立明显的标志，将火灾危险性大的区域布置在施工现场常年主导风向的下风侧或侧风向，各区域之间的防火间距应符合消防技术规范和有关地方法规的要求。

（1）临时设施的一般要求

1）临时用房、临时设施的布置应满足现场防火、灭火及人员安全疏散的要求。

2）施工现场的出入口、围墙、围挡；场内临时道路；给水管网或管路和配电线路敷设或架设的走向、高度；施工现场办公用房、宿舍、发电机房、变配电房、可燃材料库房、易燃易爆危险品库房、可燃材料堆场及其加工场、固定动火作业场；临时消防车道、消防救援场地和消防水源等临时用房和临时设施应纳入施工现场总平面布局。

3）施工现场出入口的设置应满足消防车通行的要求，并宜布置在不同方向，其数量不宜少于 2 个。当确有困难只能设置 1 个出入口时，应在施工现场内设置满足消防车通行的环形道路。

4）施工现场临时办公、生活、生产、物料存贮等功能区宜相对独立布置，防火间距应符合现行国家标准规范《建设工程施工现场消防安全技术规范》GB 50720 相关规定。

5）固定动火作业场应布置在可燃材料堆场及其加工场、易燃易爆危险品库房等全年最小频率风向的上风侧，并宜布置在临时办公用房、宿舍、可燃材料库房、在建工程等全年最小频率风向的上风侧。

6）易燃易爆危险品库房应远离明火作业区、人员密集区和建筑物相对集中区；可燃材料堆场及其加工场、易燃易爆危险品库房不应布置在架空电力线下。

（2）防火间距的要求

1）易燃易爆危险品库房与在建工程的防火间距不应小于15m，可燃材料堆场及其加工场、固定动火作业场与在建工程的防火间距不应小于10m，其他临时用房、临时设施与在建工程的防火间距不应小于6m。

2）施工现场主要临时用房、临时设施的防火间距不应小于表5-3的规定，当办公用房、宿舍成组布置时，其防火间距可适当减小，但应符合下列规定：

施工现场主要临时用房、临时设施的防火间距（m）　表5-3

名称＼名称间距	办公用房、宿舍	发电机房、变配电房	可燃材料库房	厨房操作间、锅炉房	可燃材料堆场及其加工场	固定动火作业场	易燃易爆危险品库房
办公用房、宿舍	4	4	5	5	7	7	10
发电机房、变配电房	4	4	5	5	7	7	10
可燃材料库房	5	5	5	5	7	7	10
厨房操作间、锅炉房	5	5	5	5	7	7	10
可燃材料堆场及其加工场	7	7	7	7	7	10	10
固定动火作业场	7	7	7	7	10	10	12
易燃易爆危险品库房	10	10	10	10	10	12	12

① 每组临时用房的栋数不应超过10栋，组与组之间的防火间距不应小于8m。

② 组内临时用房之间的防火间距不应小于3.5m，当建筑构件燃烧性能等级为A级时，其防火间距可减少到3m，再小就不符合防火间距要求规定。

（3）消防车道的要求

施工现场内应设置临时消防车道，临时消防车道与在建工程、临时用房、可燃材料堆场及其加工场的距离不宜小于 5m，且不宜大于 40m；施工现场周边道路满足消防车通行及灭火救援要求时，施工现场内可不设置临时消防车道。

1）临时消防车道宜为环形，设置环形车道确有困难时，应在消防车道尽端设置尺寸不小于 12m×12m 的回车场。

2）临时消防车道的净宽度和净空高度均不应小于 4m。

3）临时消防车道的右侧应设置消防车行进路线指示标识，且时刻保持畅通（如图 5-40 所示），堆放任何物品都是错误的。

图 5-40 消防通道

4）临时消防车道路基、路面及其下部设施应能承受消防车通行压力及工作荷载。

5）建筑高度大于 24m 的在建工程、建筑工程单体占地面积大于 3000m^2的在建工程、超过 10 栋，且成组布置的临时用房应设置环形临时消防车道，设置环形临时消防车道确有困难时，除应按规定设置回车场外，尚应按规定设置临时消防救援场地。

6）临时消防救援场地应在在建工程装饰装修阶段设置、应设置在成组布置的临时用房场地的长边一侧及在建工程的长边一侧、宽度应满足消防车正常操作要求，且不应小于 6m，与在建工程外脚手架的净距不宜小于 2m，且不宜超过 6m 等要求。

（4）室外消防用水的要求

1）施工现场要设有足够的消防水源（给水管道或蓄水池），对有消防给水管道设计的工程，应在施工时先敷设好室外消防给水管道与消火栓。

2）现场应设消防水管网，配备消火栓，进水干管直径不小于 100mm，较大工程要分区设置消火栓。施工现场消火栓处，日夜要设明显标志，配备足够水带，周围 3m 内，不准存放任何物品。

3）消防泵房应用非燃材料建造，设在安全位置。

2. 现场生活区防火

1）建立生活区消防责任制

施工现场的生活区消防安全由总包单位实行统一管理，各专业分包及劳务单位负责各生活区消防安全、并接受总包单位的监督管理。各劳务单位要落实安全防火责任制、设专人负责日常防火安全管理工作。

2）建立生活区消防安全管理制度和体系

建立健全生活区消防安全组织机构，将防火安全的责任落实到生活区现场，每一个施工人员，明确分工，划分区域，不留防火死角，真正落实防火责任。

① 实行定期或者不定期的防火安全检查，必要时实行每月防火巡查，及时消除火灾隐患，并建立检查（巡查）记录；

② 对职工进行消防安全培训（见图 5-41 所示）。

图 5-41　消防安全培训

3）制定可靠的消防措施

① 宿舍内严禁私自乱拉接电线，严禁使用电炉等电加热器具。

② 夏天使用蚊香一定要放在金属盘内，并与可燃物保持一定距离。

③ 宿舍内禁止乱丢烟头、火柴棒，不准躺在床上吸烟（如图 5-42 所示）。

图 5-42　床上吸烟

4）临时用房的防火设计应符合规范要求

① 建筑构件的燃烧性能等级应为 A 级。当采用金属夹芯板材时，其芯材的燃烧性能等级应为 A 级，施工现场很多芯材却达不到要求。

② 建筑层数不应超过 3 层，每层建筑面积不应大于 $300m^2$。

③ 层数为 3 层或每层建筑面积大于 $200m^2$ 时，应设置至少 2 部疏散楼梯，房间疏散门至疏散楼梯的最大距离不应大于 25m。

④ 单面布置用房时，疏散走道的净宽度不应小于 1.0m；双面布置用房时，疏散走道的净宽度不应小于 1.5m。

⑤ 疏散楼梯的净宽度不应小于疏散走道的净宽度。

⑥ 宿舍房间的建筑面积不应大于 30m^2，其他房间的建筑面积不宜大于 100m^2。房间内任一点至最近疏散门的距离不应大于 15m，房门的净宽度不应小于 0.8m；房间建筑面积超过 50m^2 时，房门的净宽度不应小于 1.2m。

⑦ 隔墙应从楼地面基层隔断至顶板基层底面。

⑧ 宿舍不应与厨房操作间、锅炉房、变配电房等组合建造。

5）加强消防检查力度

① 认真检查分析生活区能产生火源的部位，逐一采取措施加以预防。

② 检查和完善消防报警系统、消防自动灭火系统、消防标志和消防应急照明、消防疏散和防火分区、防烟分区、消防车通道、防火卷帘、防排烟系统、应急消防广播以及灭火器等，保证完好，否则一旦发生火灾无法救火。

③ 检查防雷电和防静电设施，保证完好。

④ 检查容易产生火花和有可燃易爆气体的部位，是否有防火防爆措施，及时发现并消除火灾隐患（如图 5-43 所示）。

图 5-43　查验隐患

⑤ 生活区挂设的灭火器，应由专人负责，定期检查，保证完整。冬季应对消防栓、灭火器等采取防冻措施。

3. 易燃易爆物品防火

（1）用于在建工程的保温、防水、装饰及防腐等材料的燃烧性能等级应符合设计要求。

（2）可燃材料及易燃易爆危险品应按计划限量进场。进场后，可燃材料宜存放于库房内，露天存放时，应分类成垛堆放，垛高不应超过 2m，单垛体积不应超过 50m^3，垛与垛之间的最小

图 5-44　严禁明火

间距不应小于 2m，且应采用不燃或难燃材料覆盖。

（3）易燃易爆危险品应分类专库储存，库房内应通风良好，并应设置严禁明火标志（如图 5-44 所示），管理人员吸烟是极度危险的行为。

（4）室内使用油漆及其有机溶剂、乙二胺、冷底子油等易挥发产生易燃气体的物资作业时，应保持良好通风，作业场所严禁明火，并应避免产生静电。

（5）施工产生的可燃、易燃建筑垃圾或余料，应及时清理。

4. 高层建筑施工防火

高层建筑施工具有人员多、建筑材料多、电气设备多且用电量大、交叉作业动火点多的特点，而且高层建筑施工现场通讯联络差，一旦发生火灾不易及时扑救，损失大，防火工作特别重要。

（1）要建立完善工程项目消防管理制度

施工现场应制定一些必要的防火措施和防火安全规章制度，并组织相关人员学习，以使各承包单位和各作业工种有章可循，从而落实防火工作。

（2）要编制科学的消防安全施工方案

1）已建成的建筑物楼梯不得封堵。

2）脚手架内的作业层应畅通，并搭设不少于 2 处与主体建筑内相衔接的通道。

3）脚手架外挂的密目式安全网，必须符合阻燃标准要求，严禁使用不阻燃的安全网。

4）30m 以上的高层建筑施工，应当设置加压水泵和消防水源管道，每层应设出水管口，并配备一定长度的消防水管。

5）应设立防火警示标志（如图 5-45 所示）。

（3）要严格履行动火等级审批手续

高层动火作业应当办理动火证，动火处应当配备灭火器，并设专人监护，发现险情，立即停止作业，采取措施，及时扑灭火源。

图 5-45　防火警示标志

（4）要加强对分包队伍的管理

1）高层建筑施工期间，不得堆放易燃易爆危险物品。如需存放，应堆放在指定区域，并配置专用灭火器材。

2）在易燃易爆物品处施工的人员不得吸烟（如图 5-46 所示）和随便焚烧废弃物。

（5）要签订防火安全协议书

为明确各方责任，做好协调配合、防止火灾发生，减少火灾损失，保障人员、财产的安全，应制定消防安全协议书。

（6）要进行安全技术措施交底

消防水源和消防灭火器材，不仅应在现场平面布置图上标明，还应对施工管理人员、义务消防队员、现场办公作业人员交底（如图 5-47 所示），一旦发生火险，及时进行补救。

图 5-46　易燃易爆品处严禁吸烟

图 5-47　消防作业交底

（7）施工现场应按规定配置消防器材

1）高层建筑施工，应按楼层面积每 100m²，设两个灭火器。

易燃物品、动用明火作业场所应增加配置。

2）安装消防高压水泵的施工现场应有值班制度，未安装消防高压水泵的施工现场也应保证水源供应，保证消防用水压力（如图 5-48 所示），消防用水压力不足，不能有效灭火。

5. 失火自救知识

失火自救过程中要牢记几个原则：判断火情再开门、一路向下不向上、不走电梯走楼梯、盲目跳楼不可取，记住逃生方法很重要。具体要求：

（1）可用湿毛巾、口罩蒙鼻子，用水浇身，匍匐前进（如图 5-49 所示）。

图 5-48　消防水压不足

图 5-49　逃生技巧一

（2）不要把逃生时间浪费在穿衣、寻找贵重物品上（如图 5-50 所示）。

图 5-50　逃生技巧二

（3）务必留心出口方位，以便尽快逃离现场。

（4）受到火势威胁时，要披上浸湿的衣物、被褥等向安全出口方向冲出去（如图 5-51 所示）。

若火势不大，应尽快披上浸湿的质地较厚的衣服或毛毯、棉被，勇敢地冲出去。

图 5-51　逃生技巧三

（5）遇到火灾不可乘坐电梯或扶梯（如图 5-52 所示）。

图 5-52　逃生技巧四

（6）及时利用疏散楼梯、阳台、窗户、落水管等逃生自救（如图 5-53 所示）。

（7）若身上已着火，可就地打滚或用厚重的衣物压灭火苗

（如图 5-54 所示）。

图 5-53　逃生技巧五

图 5-54　逃生技巧六

（8）没有可靠措施保证的情况下，不要盲目跳楼，以免发生伤亡事故。

（9）大火袭来，手摸门窗已感觉发烫，可关紧门窗，防止烟火侵入，拨打 119 求救电话，等待救援人员到来，（如图 5-55 所示），是正确的求救方式。报警电话一定要信息清楚，否则延误救火时机（如图 5-56 所示），是错误的报警方式。

图 5-55　等待救援

图 5-56　火灾报警要求

六、施工现场安全用电知识

“电”作为动力源和技术支持对于现代建筑施工来说是必不可少的。但是，在施工用电过程中当人们对它的设置和使用不规范时，也会带来极其严重的危害和灾难。因此，建筑施工现场临时用电工程专用的电源中性点直接接地的220/380V三相四线制低压电力系统，必须符合相关规定。

（一）施工临时用电基本要求

1. 三级配电二级保护原则

（1）采用三级配电系统原则。

施工现场配电系统从电源进线开始至用电设备之间，经过三级配电装置配送电力，即配电系统由配电室的配电柜或总配电箱（一级箱）开始，依次经过分配电箱（二级箱）、开关箱（三级箱）到用电设备。这种分三个层次逐级配送电力的系统就称为三级配电系统（如图6-1所示）。

为保证三级配电系统能够安全、可靠、有效地运行，在实际

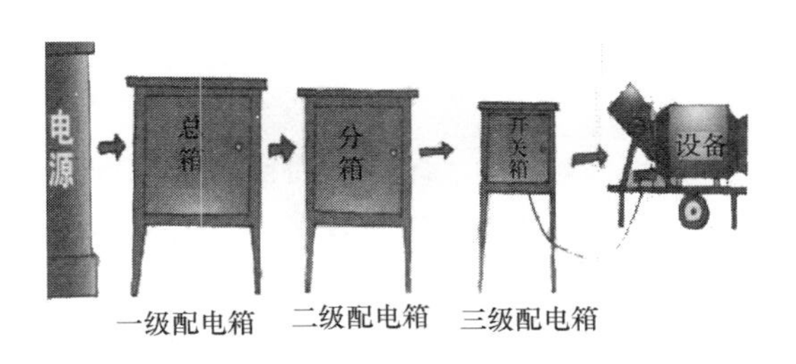

图6-1　三级配电

设置系统时尚应遵守四项规则：分级分路规则；动、照分设规则；压缩配电间距规则；环境安全规则，特别是现场电力设施周围不得堆放器材、杂物（如图 6-2 所示）。

图 6-2　配电箱周边堆放可燃物

（2）采用二级漏电保护系统原则

采用二级漏电保护系统是指在施工现场基本供配电系统的总配电箱（配电柜）和开关箱首、末两个级配电装置中，设置漏电保护器。其中，总配电箱（配电柜）中的漏电保护器可以设置于总路，也可以设置于各分路，但不必重叠设置。

2. TN-S 接零保护原则

1）TN-S 接零保护系统是指工作零线与保护零线分开设置的接零保护系统（T-电源中性点直接接地、N-电气设备外露可导电部分通过零线接地、S-工作零线（N 线）与保护零线（PE 线）分开的系统）。

2）采用 TN-S 接零保护系统原则

① 在施工现场专用变压器的供电时原则：TN-S 接零保护系统中，电气设备的金属外壳必须与保护零线连接。保护零线应由工作接地线、配电室（总配电箱）电源侧零线或总漏电保护器电源侧零线处引出（如图 6-3 所示）。

② 当施工现场与外电线路共用同一供电系统时原则：电气

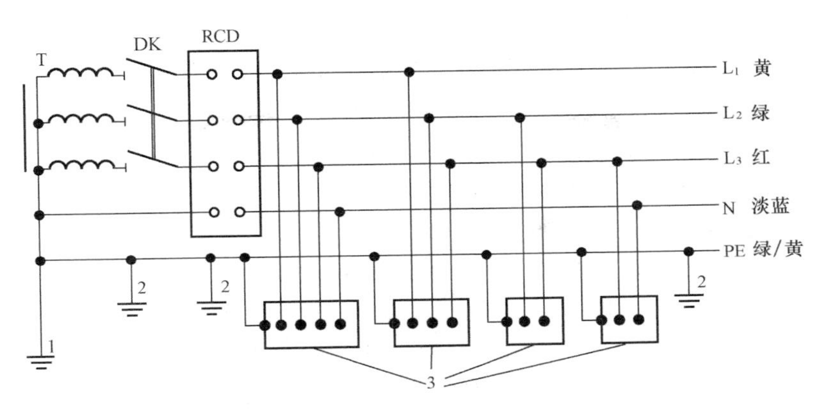

图 6-3 TN-S 接零保护系统示意图

1—工作接地；2—PE 线重复接地；3—电气设备金属外壳（正常不带电的外露可导电部分）；L_1、L_2、L_3—相线；N—工作零线；PE—保护零线；DK—总电源隔离开关；RCD—总漏电保护器（兼有短路、过载、漏电保护功能的漏电断路器）；T—变压器

设备的接地、接零保护应与原系统保护一致（如图 6-4 所示）。不得一部分设备做保护接零，另一部分设备做保护接地。

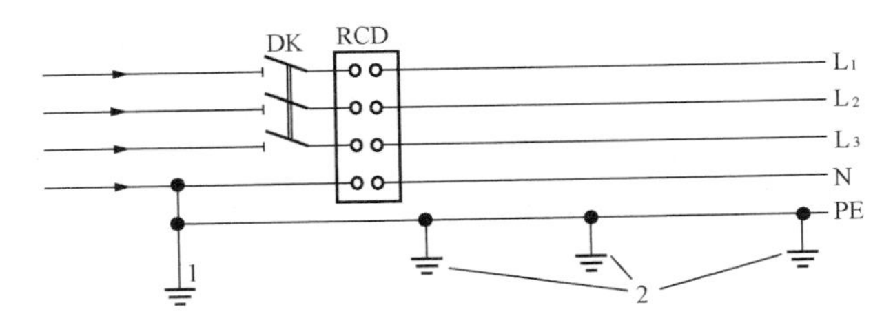

图 6-4 TN-S 接零保护系统保护零线引出示意图

1—NPE 线重复接地；2—PE 线重复接地；L_1、L_2、L_3—相线；N—工作零线；PE—保护零线；DK—总电源隔离开关；RCD—总漏电保护器（兼有短路、过载、漏电保护功能的漏电断路器）

3. 电气防火措施

（1）电气防火组织措施

施工单位和工程项目部应建立健全用电安全责任制，制定电

气防火和用电安全组织措施，做好施工现场的用电安全管理。

1）建立易燃易爆物和腐蚀介质管理制度。

2）建立电气防火责任制，加强电气防火重点场所烟火管制，并设置禁止烟火标志。

3）建立电气防火教育制度，定期进行电气防火知识宣传教育，提高各类人员电气防火意识和电气防火知识水平。

4）建立电气防火检查制度，发现问题，及时处理，不留任何隐患。

5）建立电气火警预报制，做到防患于未然。

6）建立电气防火领导体系及电气防火队伍，并学会和掌握扑灭电气火灾的组织和方法。

（2）电气防火技术措施

1）合理布置总配电房。

2）合理配置用电系统的短路、过载、漏电保护电器。

3）确保 PE 线连接点的电气连接可靠。

4）在电气设备和线路周围不堆放并清除易燃易爆物和腐蚀介质或做阻燃隔离防护。

5）不在电气设备周围使用火源，特别在变压器、发电机等场所严禁烟火。

6）在电气设备相对集中场所，如变电所、配电室、发电机室等场所配置可扑灭电气火灾的灭火器材（如图 6-5 所示）。

图 6-5　用电场所灭火器材配备

4. 施工现场用电人员要求

电工及其他用电人员的要求

(1) 电工的任职资格及要求

1) 电工必须经过按现行国家标准考核合格后，持证上岗工作。这一规定说明电工的身份必须是真实，而且必须与基本专业素养和技能相匹配。

2) 安装、巡检、维修或拆除临时用电设备和线路，必须由电工完成，并应有人监护。电工等级应同工程的难易程度和技术复杂性相适应。

(2) 电工的工作职责和任务

1) 承担用电工程电气设备和线路的安装、调试、迁移和拆除工作。

2) 承担用电工程运行过程中的巡检和维修工作。检查维修必须填单、断电、挂牌子，切不可冒险作业（如图 6-6 所示）。

图 6-6　维修作业

3) 保障用电工程始终处于完好无损状态和良好运行状态。

4) 按现行国家标准规范《施工现场临时用电安全技术规范》JGJ 46 规定指导用电人员安全用电，纠正违规用电。

5) 定期检查临时用电工程。定期检查时，应复查接地电阻值和绝缘电阻值。

6）参与用电安全技术档案的建立和管理。

（3）其他用电人员

其他用电人员必须通过相关教育培训和技术交底，考核合格后方可上岗工作。

（二）现场临时用电技术措施

1. 外电线路及电气设备防护

（1）外电线路防护措施

1）应避开在外电架空线路正下方从事施工、搭设作业棚、建造生活设施或堆放构件、架具、材料及其他杂物等施工相关活动（如图 6-7 所示）。

图 6-7　外电线路下堆放杂物

2）保证施工相关活动与线路的安全距离要求

① 在建工程（含脚手架）的周边与外电架空线路的边线之间的最小安全操作距离（如图 6-8、表 6-1 所示）。

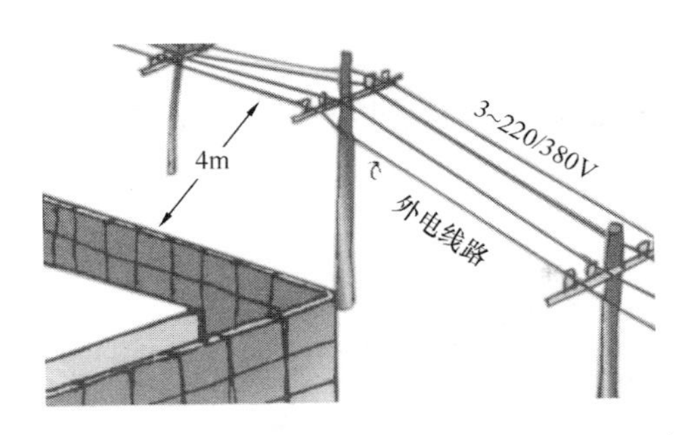

图 6-8　在建工程与外电架空线路最小安全距离

在建工程（含脚手架）的周边与架空线路的边线之间的最小安全操作距离　　表 6-1

外电线路电压等级（kV）	＜1	1～10	35～110	220	330～500
最小安全操作距离（m）	4.0	6.0	8.0	10	15

注：上、下脚手架的斜道不宜设在有外电线路的一侧。

② 施工现场的机动车道与外电架空线路交叉时，架空线路的最低点与路面的最小垂直距离（如图 6-9、表 6-2 所示）。

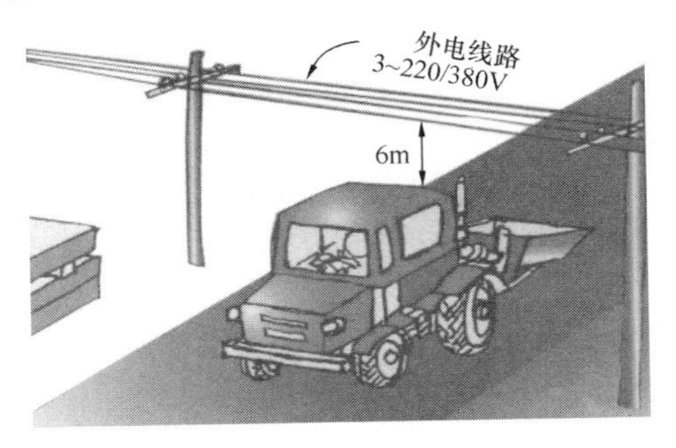

图 6-9　线路最低点与路面的最小垂直距离

施工现场的机动车道与架空线路交叉时的最小垂直距离　　表 6-2

外电线路电压等级（kV）	＜1	1～10	35
最小垂直距离（m）	6.0	7.0	7.0

③ 在外电架空线路附近吊装时，起重机的任何部位或被吊物边缘在最大偏斜时与架空线路边线的最小安全距离（如图6-10、表6-3所示），严禁起重机越过无防护设施的外电架空线路作业。

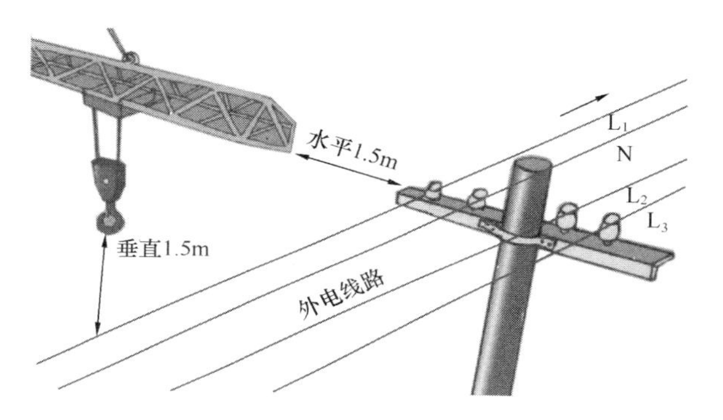

图6-10　起重机与架空线路边线的最小安全距离

起重机与架空线路边线的最小安全距离　　表6-3

电压（kV）	<1	10	35	110	220	330	500
沿垂直方向安全距离（m）	1.5	3.0	4.0	5.0	6.0	7.0	8.5
沿水平方向安全距离（m）	1.5	2.0	3.5	4.0	6.0	7.0	8.5

④ 施工现场开挖沟槽边缘与外电埋地电缆沟槽边缘之间的距离不得小于0.5m（如图6-11所示）。

⑤ 防护设施的设置以及与外电线路之间的安全距离要求：

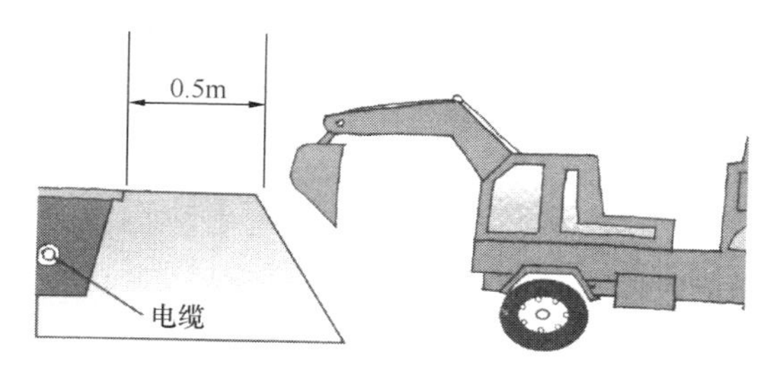

图6-11　开挖外电埋地电缆沟槽

A. 当达不到规范规定安全最小距离规定时，必须采取绝缘隔离防护措施，并应悬挂醒目的警告标志牌。

B. 架设防护设施时，必须经有关部门批准，采用线路暂时停电或其他可靠的安全技术措施，并应有电气工程技术人员和专职安全人员监护。

C. 防护设施应坚固、稳定，且对外电线路的隔离防护应达到 IP30 级（代表设备可以防止小固体进入，但不防水）。

D. 防护设施与外电线路之间的最小安全距离（如表 6-4 所示）。

防护设施与外电线路之间的最小安全距离　　表 6-4

外电线路电压等级（kV）	≤10	35	110	220	330	500
最小安全距离（m）	1.7	2.0	2.5	4.0	5.0	6.0

3）绝缘、隔离、架设及防护措施

① 当不满足实现防护措施规定时，必须与有关部门协商，采取停电、迁移外电线路或改变工程位置等措施，为采取上述措施的严禁施工。

② 在外电架空线路附近开挖沟槽时，必须会同有关部门采取加固措施，防止外电架空线路电杆倾斜、悬倒。

（2）电气设备防护措施。

1）电气设备现场周围不得存放易燃易爆物、污源和腐蚀介质，否则应予清除或做防护处置，其防护等级必须与环境条件相适应。

2）电气设备设置场所应能避免物体打击和机械损伤，否则应做防护处置（如图 6-12 所示）。

图 6-12　变压器外电安全防护

2. 接地与防雷

（1）接地与接地电阻方面知识

1）接地的定义

① 保护性接地是为防止电气设备的金属外壳因绝缘损坏带点危及人、畜安全和设备安全，以及设置相应保护系统需要，而将电气设备正常不带电的金属外壳或其他金属结构接地。一般可分为：保护接地、防雷接地、防静电接地。

② 功能性接地是电气系统或设备因运行需要的接地：工作接地、屏蔽接地、逻辑接地。

③ 重复接地。为增强接地保护系统接地的作用和效果，并提高其可靠性，在其接地线的另一处或多处再作接地。

④ 接地电阻是由接地体（如钢管、角钢、圆钢，如图 6-13 所示）电阻、土壤电阻、接地体与土壤接触电阻三部分组成。

2）相关规定

① 施工现场专用的电源中性点直接接地的低压配电系统应采用 TN-S 接零保护系统。

② 施工现场配电系统不得同时采用两种保护系统。采用 TN 系统做保护接零时，工作零线（N 线）必须通过总漏电保护器，保护零线（PE 线）必须由电源进线零线重复接地处或总漏电保护器电源侧零线处，引出形成局部 TN-S 接零保护系统。

③ 每一接地装置的接地线应采用 2 根及以上导体，在不同点与接地体做电气连接。接地体宜采用角钢、钢管或光面圆钢，不得采用螺纹钢（如图 6-13 所示）。接地可利用自然接地体，但应保证其电气连接和热稳定。

④ 工作接地电阻不得大于 4Ω，重复接地电阻不得大于 10Ω。

（2）保护接零方面知识

1）保护零线应由工作接地线、总配电箱电源侧零线或总漏电保护器电源零线处引出，电气设备的金属外壳必须与保护零线连接（如图 6-14 所示）。

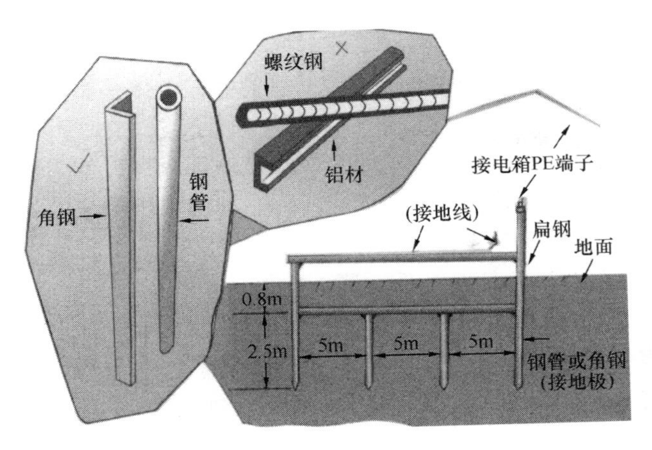

图 6-13　接地材料

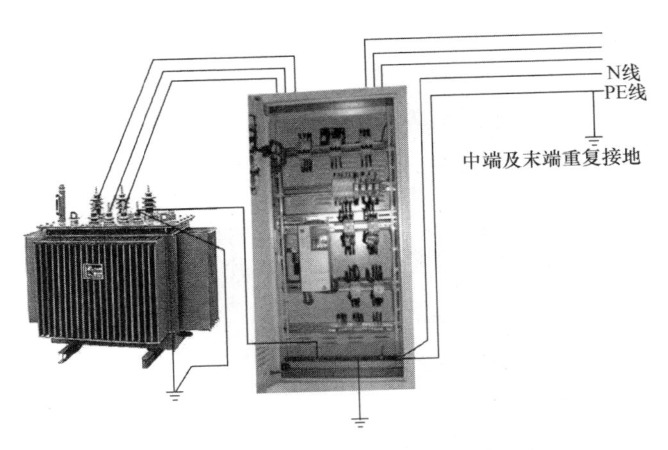

图 6-14　电气设备金属外壳保护接零

2）施工现场的临时用电电力系统严禁利用大地做相线或零线。

3）保护零线应单独敷设，线路上严禁装设开关或熔断器，严禁通过工作电流。

4）城防、人防、隧道等潮湿或条件特别恶劣施工现场的电气设备必须采用保护接零。

(3) 防雷方面知识

做好事故现场临时用电防雷工作的前提条件是做好防雷装置的选择设计。

1) 在土壤电阻率低于200Ω·m区域的电杆可不另设防雷接地装置，但在配电室的架空进线或出线处应将绝缘子铁脚与配电室的接地装置相连接。

2) 机械设备安装防雷装置的要求。

① 施工现场内的起重机、井字架、龙门架等机械设备，以及钢脚手架和正在施工的在建工程等的金属结构，当在相邻建筑物、构筑物等设施的防雷装置接闪器的保护范围以外时，应按规定装防雷装置。

② 当最高机械设备上避雷针（接闪器）的保护范围能覆盖其他设备，且又最后退出现场，则其他设备可不设防雷装置。确定防雷装置接闪器的保护范围可采用现行国家标准规范《施工现场临时用电安全技术规范》JGJ 46的滚球法。

3) 机械设备上的避雷针（接闪器）的要求

① 机械设备上的避雷针（接闪器）长度应为1～2m。塔式起重机可不另设避雷针（接闪器）。

② 安装避雷针（接闪器）的机械设备，所有固定的动力、控制、照明、信号及通信线路，宜采用钢管敷设。钢管与该机械设备的金属结构体应做电气连接（如图6-15所示）。

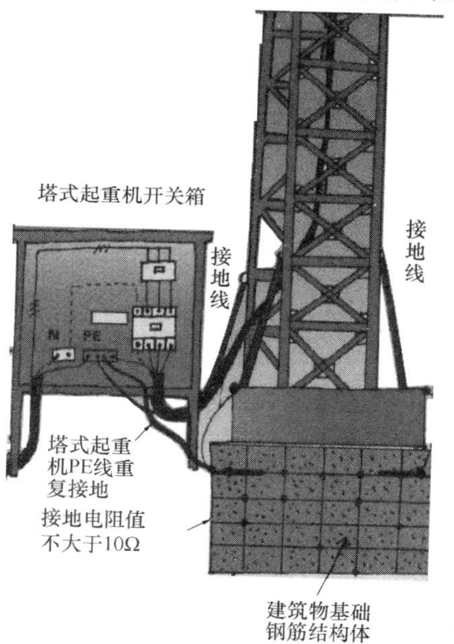

图6-15 敷设线路钢管与机械设备的金属结构做电气连接

3. 配电箱及开关箱

（1）配电箱及开关箱的设置

1）配电系统要求

① 配电系统应设置配电柜或总配电箱、分配电箱、开关箱，实行三级配电。配电系统宜使三相负荷平衡。220V 或 380V 单相用电设备宜接入 220/380V 三相四线系统；当单相照明线路电流大于 30A 时，宜采用 220/380V 三相四线制供电（如图 6-16 所示）。

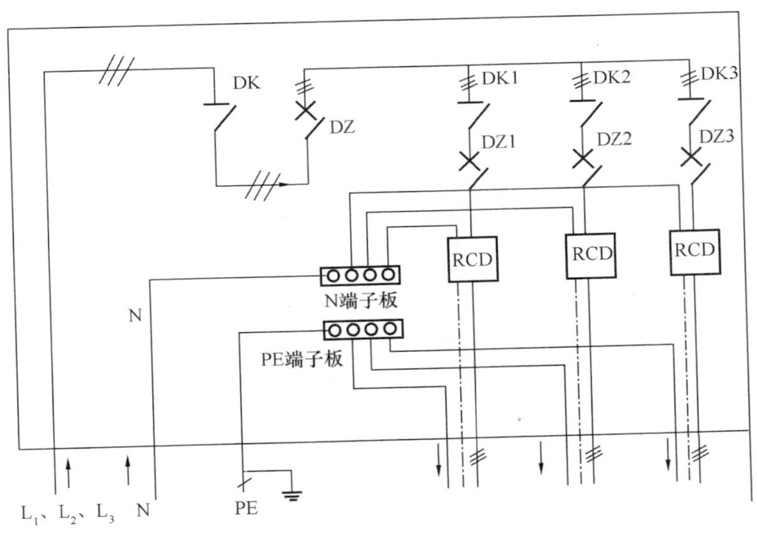

图 6-16 总配五芯电缆接线图

② 动力配电箱与照明配电箱宜分别设置。当合并设置为同一配电箱时，动力和照明应分路配电（如图 6-17 所示）；动力开关箱与照明开关箱必须分设（如图 6-18 所示）；配电箱、开关箱的电源进线端严禁采用插头和插座活动连接。

2）数量及距离设置

① 总配电箱以下可设若干分配电箱；分配电箱以下可设若干开关箱。总配电箱应设在靠近电源的区域，分配电箱应设在用电设备或负荷相对集中的区域，分配电箱与开关箱的距离不得超

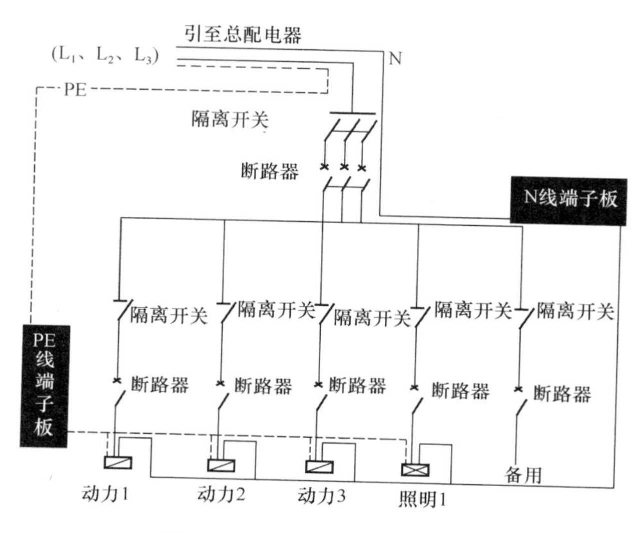

图 6-17 分配电箱接线示意图

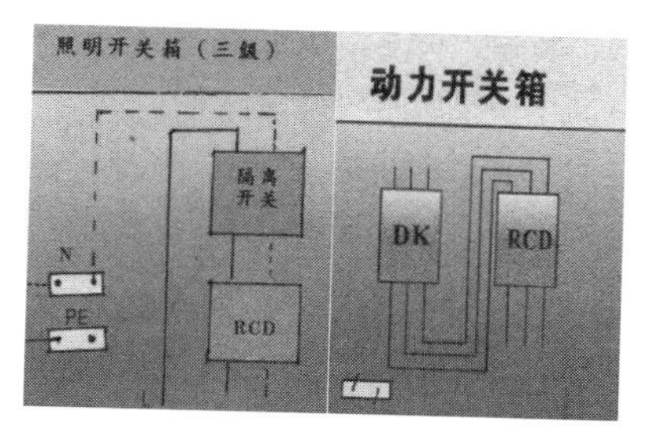

图 6-18 开关箱接线示意图

过 30m，开关箱与其控制的固定式用电设备的水平距离不宜超过 3m。

② 每台用电设备必须有各自专用的开关箱，严禁用同一个开关箱直接控制 2 台及 2 台以上用电设备（含插座），施工现场很多三级开关箱达不到“一机、一闸、一漏、一箱”制要求（如图 6-19 所示），做法错误。

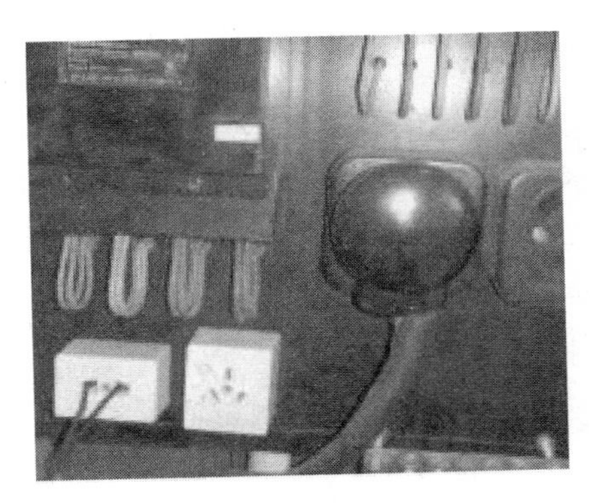

图 6-19　箱体内私拉乱接

3）质量及安装要求

① 配电箱、开关箱应装设在干燥、通风及常温场所，不得装设在有严重损伤作用的瓦斯、烟气、潮气及其他有害介质中，亦不得装设在易受外来固体物撞击、强烈振动、液体浸溅及热源烘烤场所。否则，应予清除或做防护处理。配电箱、开关箱周围应有足够 2 人同时工作的空间和通道，不得堆放任何妨碍操作、维修的物品，不得有灌木、杂草。

② 配电箱、开关箱应采用冷轧钢板或阻燃绝缘材料制作，钢板厚度应为 1.2～2.0mm，其中开关箱箱体钢板厚度不得小于 1.2mm，配电箱箱体网板厚度不得小于 1.5mm，箱体表面应做防腐处理（如图 6-20 所示）。

图 6-20　配电箱体防腐

③ 配电箱、开关箱应装设端正、牢固。固定式配电箱、开关箱的中心点与地面的垂直距离应为 1.4～1.6m。移动式配电箱、开关箱应装设在坚固、稳定的支架上。其中心点与地面的垂直距离宜为 0.8～1.6m。

④ 配电箱、开关箱内的电器（含插座）应先安装在金属或非木质阻燃

绝缘电器安装板上，然后方可整体紧固在配电箱、开关箱箱体内。金属电器安装板与金属箱体应做电气连接。

⑤ 配电箱的电器安装板上必须分设N线端子板和PE线端子板。N线端子板必须与金属电安装板绝缘；PE线端子板必须与金属电器安装板做电气连接。进出线中的N线必须通过N线端子板连接；PE线必须通过PE线端子板连接。

4）安全防护要求

① 配电箱、开关箱的进、出线口应配置固定线卡、进出线应加绝缘护套并成束卡在箱体上，不得与箱体直接接触。移动式配电箱、开关箱的进、出线应采用橡皮护套绝缘电缆，不得有接头。

②配电箱、开关箱外形结构应能防雨、防尘。

（2）电气装置的选择

1）质量及安装要求

配电箱、开关箱内的电器必须可靠、完好，严禁使用破损、不合格的电器。

2）功能设置要求

① 总配电箱的电器应具备电源隔离，正常接通与分断电路，以及短路、过载、漏电保护功能。

A. 当总路设置总漏电保护器时，还应装设总隔离开关、分路隔离开关以及总断路器、分路断路器或总熔断器、分路熔断器。当所设总漏电保护器是同时具备短路、过载、漏电保护功能的漏电断路器时，可不设总断路器或总熔断器。

B. 当各分路设置分路漏电保护器时，还应装设总隔离开关、分路隔离开关以及总断路器、分路断路器或总熔断器、分路熔断器。当分路所设漏电保护器是同时具备短路、过载、漏电保护功能的漏电断路器时，可不设分路断路器或分路熔断器。

C. 隔离开关应设置于电源进线端，应采用分断时具有可见分断点，并能同时断开电源所有极的隔离电器。如采用分断时具有可见分断点的断路器，可不另设隔离开关。

D. 熔断器应选用具有可靠灭弧分断功能的产品。

E. 总开关电器的额定值、动作整定应与分路开关电器的额定值、动作整定值相适应。

F. 配电箱、开关箱中的漏电保护器宜选用无辅助电源型（电磁式）产品，或选用辅助电源故障时能自动断开的辅助电源型（电子式）产品。当选用辅助电源故障时不能自动断开的辅助电源型（电子式）产品时，应同时设置缺相保护。

② 分配电箱应装设总隔离开关、分路隔离开关以及总断路器、分路断路器或总熔断器、分路熔断器。其设置和选择同总配电箱相应要求。

③ 开关箱必须装设隔离开关、断路器或熔断器，以及漏电保护器。当漏电保护器是同时具有短路、过载、漏电保护功能的漏电断路器时，可不装设断路或熔断器。隔离开关应采用分断时具有可见分断点，能同时断开电源所有极的隔离电器，并应设置于电源进线端。当断路器是具有可见分断点时，可不另设隔离开关。

3）漏电保护器参数规格及接线要求

① 总配电箱中漏电保护器的额定漏电动作电流应大于30mA，额定漏电动作时间应大于0.1s，但其额定漏电动作电流与额定漏电动作时间的乘积不应大于30mA·s。使用于潮湿或有腐蚀介质场所的漏电保护器应采用防溅型产品，其额定漏电动作电流不应大于15mA，额定漏电动作时间不应大于0.1s。

② 开关箱中漏电保护器的额定漏电动作电流不应大于30mA，额定漏电动作时间不应大于0.1s。

③ 漏电保护器应装设在总配电箱、开关箱靠近负荷的一侧，且不得用于启动电气设备的操作。

④ 总配电箱和开关箱中漏电保护器的极数和线数必须与其负荷侧负荷的相数和线数一致。

⑤ 漏电保护器应按产品说明书安装、使用。对搁置已久重新使用或连续使用的漏电保护器应逐月检测其特性，发现问题应

及时修理或更换。

(3) 使用与维护

1) 使用要求

① 配电箱、开关箱应有名称、用途、分路标记及系统接线图，箱门应配锁，并应由专人负责。

② 送电操作顺序为：总配电箱→分配电箱→开关箱；停电操作顺序为：开关箱→分配电箱→总配电箱（如图 6-21 所示）。但出现电气故障的紧急情况可除外。

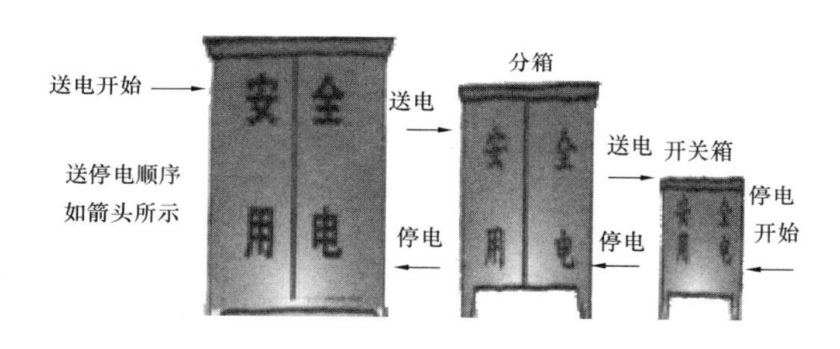

图 6-21 送电和停电操作顺序

③ 施工现场停止作业 1 小时以上时，应将动力开关箱断电上锁。

2) 维护要求

① 配电箱、开关箱应定期检查、维修。检查、维修人员必须是专业电工。检查、维修时必须按规定穿、戴绝缘鞋、手套，必须使用电工绝缘工具，并应做检查、维修工作记录。

② 对配电箱、开关箱进行定期维修、检查时，必须将其前一级相应的电源隔离开关，分闸断电，并悬挂“禁止合闸、有人工作”停电标志牌（如图 6-22 所示），验证确认停电挂牌上锁后开始作业，严禁带电作业（如图 6-23 所示）。等到检修工作全部结束，现场清理完毕检查合格，才可以解除警示恢复生产（如图 6-24 所示）。

图 6-22　禁止合闸、有人工作　　　　图 6-23　严禁带电作业

图 6-24　解除警示、恢复生产

3）安全注意事项

① 配电箱、开关箱内不得放置任何杂物（如图 6-25 所示），并应保持整洁。

图 6-25　配电箱内存放杂物

② 配电箱、开关箱内不得随意挂接其他用电设备。

③ 配电箱、开关箱内的电器配置和接线严禁随意改动，乱接电线及照明动力不分路。熔断器的熔体更换时，严禁采用不符合原规格的熔体代替，用其他金属代替熔丝做法错误。漏电保护器每天使用前应启动漏电试验按钮试跳一次，试跳不正常时严禁继续使用。

④ 配电箱、开关箱的进线和出线严禁承受外力，严禁与金属尖锐断口、强腐蚀介质和易燃易爆物接触。

⑤ 施工现场电源接线很多违规现象。

4. 电动建筑机械和手持式电动工具

（1）一般规定要求

1）选购的电动建筑机械、手持式电动工具及其用电安全装置符合相应的国家现行有关强制性标准的规定，且具有产品合格证和使用说明书。

2）建立和执行专人专机负责制，按使用说明书使用，并定期维修、检查、保养。

3）接地除现行国家标准《施工现场临时用电安全技术规范》JGJ 46 相应要求外，运行时产生振动的设备的金属基座、外壳与 PE 线的连接点不少于 2 处。

4）漏电保护符合现行国家标准《施工现场临时用电安全技术规范》JGJ 46 相应要求，设备跳闸停止运行时，必须立即检查，原因未查明或故障未排除严禁合闸（如图 6-26 所示）。

图 6-26　设备跳闸原因不明禁止合闸

5）塔式起重机、外用电梯、滑升模板的金属操作平台及需要设置避雷装置的物料提升机，除应连接 PE 线外，还应做重复接地。设备的金属结构构件之间应保证电气连接

6）电动建筑机械和手持式电动工具的负荷线应按其计算负荷选用无接头的橡皮护套铜芯软电缆，芯线数应根据负荷及其控制电器的相数和线数确定：三相四线时，应选用五芯电缆；三相三线时，应选用四芯电缆；当三相用电设备中配置有单相用电器具时，应选用五芯电缆；单相二线时，应选用三芯电缆，PE 线应采用绿/黄双色绝缘导线。

7）每一台电动建筑机械或手持式电动工具的开关箱内，除应装设过载、短路、漏电保护电器外，还应按规定要求装设隔离开关或具有可见分断点的断路器、控制装置。正、反向运转控制装置中的控制电器应采用接触器、继电器等自动控制电器，不得采用手动双向转换开关作为控制电器。

（2）使用注意事项

1）起重机械

① 塔式起重机应按规定要求做重复接地和防雷接地。轨道式塔式起重机接地装置的设置应符合轨道两端各设一组接地装置、轨道的接头处作电气连接，两条轨道端部做环形电气连接、较长轨道每隔不大于 30m 加一组接地装置要求、电缆不得拖地行走。

② 在强电磁波源附近工作的塔式起重机，操作人员应戴绝缘手套和穿绝缘鞋，并应在吊钩与机体间采取绝缘隔离措施，或在吊钩吊装地面物体时，在吊钩上挂接临时接地装置。

2）焊接机械

① 交流弧焊机变压器的一次侧电源线长度不应大于 5m，其电源进线处必须设置防护罩。发电机式直流电焊机的换向器应经常检查和维护，应消除可能产生的异常电火花。

② 电焊机械开关箱中的漏电保护器必须符合现行国家标准《施工现场临时用电安全技术规范》JGJ 46 的相应要求。交流电

焊机械需配装防二次侧触电保护器（如图 6-27 所示）。

图 6-27　交流电焊机需配装防二次侧触电保护器

③ 电焊机械的二次线应采用防水橡皮护套铜芯软电缆，电缆长度不应大于 30m，不得采用金属构件或结构钢筋代替二次线的地线。

④ 使用电焊机械焊接时必须穿戴防护用品，严禁露天冒雨从事电焊作业。

3）桩工机械

① 潜水式钻孔机电机的密封性能应符合现行国家标准《外壳防护等级（IP 代码）》GB 4208 中的 IP68 级的规定。

② 潜水电机的负荷线应采用防水橡皮护套铜芯软电缆，长度不应小于 1.5m，且不得承受外力。

4）夯土机械

① 夯土机械 PE 线的连接点不得少于 2 处。

② 夯土机械的负荷线应采用耐气候型橡皮护套铜芯软电缆。

③ 使用夯土机械应按规定穿戴绝缘用品，操作扶手必须绝缘。使用过程应有专人调整电缆，电缆长度不应大于 50m。电缆严禁缠绕、扭结和被夯土机械跨越。

5）手持电动工具

① 空气湿度小于 75％的一般场所可选用Ⅰ类或Ⅱ类手持式

电动工具，其金属外壳与 PE 线的连接点不得少于 2 处；除塑料外壳Ⅱ类工具外，相关开关箱中漏电保护器的额定漏电动作电流不应大于 15mA，额定漏电动作时间不应大于 0.1s，其负荷线插头应具备专用的保护触头。所用插座和插头在结构上应保持一致，避免导电触头和保护触头混用。

② 在潮湿场所和金属构架上操作时，必须选用Ⅱ类或由安全隔离变压器供电的Ⅲ类手持工电动工具。金属外壳Ⅱ类手持式电动工具使用时其开关箱和控制箱应设置在作业场所外面，在潮湿场所或金属构架上严禁使用Ⅰ类手持式电动工具。

③ 狭窄场所必须选用由安全隔离变压器供电的Ⅲ类手持式电动工具，其开关箱和安全隔离变压器均应设置在狭窄场所外面，并连接 PE 线。操作过程中，应有人在外面监护。

④ 手持式电动工具的负荷线应采用耐气候型的橡皮护套铜芯软电缆，并不得有接头。

⑤ 手持式电动工具的外壳、手柄、插头、开关、负荷线等必须完好无损，使用前必须做绝缘检查和空载检查，在绝缘合格、空载运转正常后方可使用，如果设备漏电必须马上停止使用。绝缘电阻用 500V 兆欧表在带电零件与外壳之间测量不应小于：Ⅰ类 2Ω、Ⅱ类 7Ω、Ⅲ类 1Ω。

⑥ 使用手持式电动工具时，必须按规定穿、戴绝缘防护用品（如图 6-28 所示）。

6）其他电动建筑机械

① 混凝土搅拌机、插入式振动器、平板振动器、地面抹光机、水磨石机、钢筋加工机械、木工机械、盾构机构、水泵等设备的漏电保护应符合《施工现场临时用电安全技术规范》JGJ 46 相应要求。

图 6-28　用电作业安全防护用品

② 混凝土搅拌机、插入式振动器、平板振动器、地面抹光机、水磨石机、钢筋加工机械、木工机械、盾构机械的负荷线必须采用耐气候型橡皮护套铜芯软电缆，并不得有任何破损和接头。水泵的负荷线必须采用防水橡皮护套铜芯软电缆，严禁有任何破损和接头，并不得承受任何外力。盾构机械的负荷线必须固定牢固，距地高度不得小于2.5m。

图 6-29　停机卸料

③ 对混凝土搅拌机（如图6-29所示）、钢筋加工机械、木工机械、盾构机械等设备进行清理、检查、维修时，必须首先将其开关箱分闸断电，呈现可见电源分断点，并关门上锁。

5. 安全电压及施工现场照明

（1）一般规定要求

1）在坑、洞、井内作业、夜间施工或厂房、道路、仓库、办公室、食堂、宿舍、料具堆放场及自然采光差等场所，应设一般照明、局部照明或混合照明。在一个工作场所内，不得只设局部照明。停电后，操作人员需及时撤离的施工现场，必须装设自备电源的应急照明。

2）照明器的选择必须符合的环境条件。

① 正常湿度一般场所，选用开启式照明器。

② 潮湿或特别潮湿场所，选用密闭型防水照明器或配有防水灯头的开启式照明器。

3）照明器具和器材的质量应符合国家现行有关强制性标准的规定，不得使用绝缘老化或破损的器具和器材。

（2）照明供电

1）一般场所供电电压要求

一般场所宜适用额定电压为220V的照明器。

2）特殊场所供电电压安全要求

① 特殊场所应使用安全特低电压照明器：隧道、人防工程、高温、有导电灰尘、比较潮湿或灯具离地面高度低于2.5m等场所的照明，电源电压不应大于36V；潮湿和易触及带电体场所的照明，电源电压不得大于24V；特别潮湿场所、导电良好的地面、锅炉或金属容器内的照明，电源电压不得大于12V。

② 使用行灯应符合要求：电源电压不大于36V；灯体与手柄应坚固、绝缘良好并耐热耐潮湿；灯头与灯体结合牢固，灯头无开关；灯泡外部有金属保护网；金属网、反光罩、悬吊挂钩固定在灯具的绝缘部位上。

（3）照明装置

1）安装设置要求

① 照明灯具的金属外壳必须与PE线相连接，照明开关箱内必须装设隔离开关、短路与过载保护电器和漏电保护器，并应符合《施工现场临时用电安全技术规范》JGJ 46的相应规定。

② 室外220V灯具距地面不得低于3m，室内220V灯具距地面不得低于2.5m。普通灯具与易燃物距离不宜小于300mm；聚光灯、碘钨灯等高热灯具与易燃物距离不宜小于500mm，且不得直接照射易燃物。达不到规定安全距离时，应采取隔热措施。

③ 暂设工程的照明灯具宜采用拉线开关控制，开关安装位置宜符合拉线开关距地面高度为2～3m，与出入口的水平距离为0.15～0.2m，拉线的出口向下及其他开关距地面高度为1.3m，与出入口的水平距离为0.15～0.2m要求。

④ 灯具的相线必须经开关控制，不得将相线直接引入灯具。

2）安全防护要求

① 对夜间影响飞机或车辆通行的在建工程及机械设备，必须设置醒目的红色信号灯，其电源应设在施工现场总电源开关的前侧，并应设置外电线路停止供电时的应急自备电源。

② 职工宿舍内不得违规乱接电线和使用电器，禁止电线乱搭乱挂和在电线上晾晒衣物。

七、施工现场急救

建筑施工现场容易发生高处坠落、物体打击、机械伤害、触电、坍塌等事故，由此极易对一线工人造成各种伤害，能否在第一时间实施正确的应急救护，对减少、减轻伤害至关重要。一线工人掌握一定的施工现场急救知识并能用最简单的急救技术进行现场初级救生，能最大限度地稳定伤病员的伤情病情，维持伤病员最基本的生命体征，防止伤病恶化和减少并发症具有重要作用。

（一）应急救护知识

应急救护知识主要包括现场急救程序、急救服务申请等内容。

1. 现场急救程序

现场急救，一般按照“环境评估、伤情评判、打开气道、人工呼吸、人工循环”程序进行（如图 7-1 所示）。

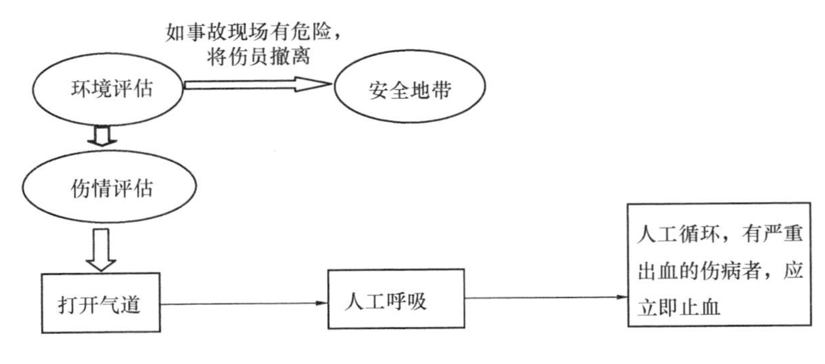

图 7-1　现场急救程序

（1）环境评估。即对急救环境存在的危险因素进行观察和评估。

1）首先确认急救现场环境有无危害急救者及伤病者的危险因素，确保自己及伤病者的安全。

2）有危险因素时应首先将其排除，无法排除时应呼救待援，不要随意进入事故现场。

3）确认现场无危险因素后应迅速进入现场检查伤者的伤情。

（2）伤情评判。即对伤者的伤害程度进行检查评判。

1）先在伤病者耳边大声呼唤，再轻拍其肩、臂试其反应，如没有反应，则可判定伤病者已经丧失意识。

2）了解伤病者受伤过程，以确定伤病者可能受到的伤害形式，如高处坠落，可能造成脊椎受伤，切勿随意搬动。

（3）打开气道。意识丧失的伤病者可因舌后坠而堵塞气道，造成呼吸障碍甚至窒息（如图 7-2 所示）。

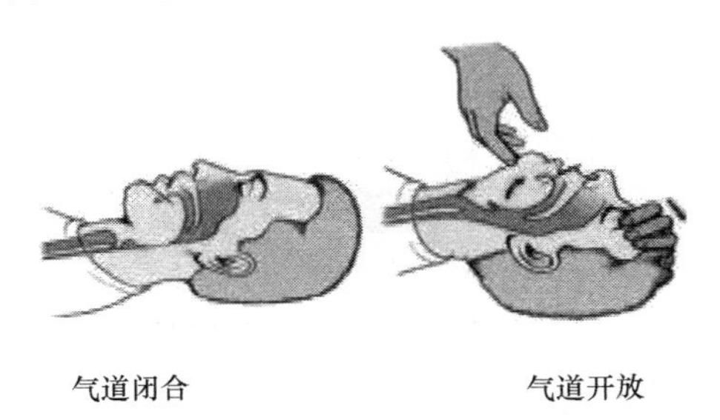

图 7-2 现场急救（打开气道）

（4）人工呼吸。用 5～10s 的时间，以听（呼吸音）、看（胸壁起伏）、感觉（呼气）的方法检查伤病者是否仍有自由呼吸。如果无正常呼吸，应当高声呼救，并立即施行人工呼吸（如图 7-3 所示）。

（5）人工循环。即胸外心脏按压，频率按每分钟 100 次，胸外心脏按压与吹气比为 30∶2，有严重出血的伤病者，应立即止血（如图 7-4 所示）。

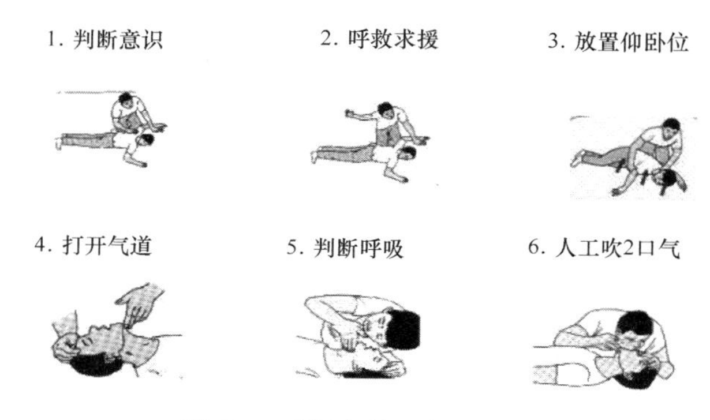

图 7-3 现场急救（人工呼吸）

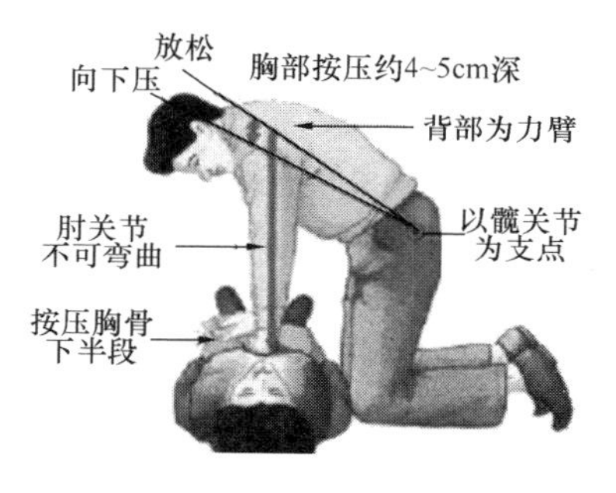

图 7-4 现场急救（人工循环）

2. 急救服务申请

紧急事故发生时，须报警呼救，最常使用的是呼救电话。使用呼救电话时，必须要用最精练、准确、清楚的语言，说明伤员目前的情况及严重程度、伤员的人数及存在的危险、需要何类急救等。如果不清楚身处位置，也不要惊慌，因为救护医疗服务系统控制室可以通过全球卫星定位系统追踪到来电者的正确位置。发生事故拨打急救电话 120（如图7-5所示），求助者应等待接电话者完全接收到信息并示意后才可挂断电话。电话内容包括：

（1）现场联系人的姓名、电话。

图 7-5　急救服务申请

（2）事故发生的工程名称、工程地点（必要时可说明到达现场的途径）。

（3）事故发生的过程、种类。

（4）事故中受伤情况及人数。

（5）现场所采取的救护措施。

（6）特殊说明。

（7）要求接听者将内容重复一次，确保信息准确无误。注意，不要先放下话筒，要等救护医疗服务系统调度人员先挂断电话。

（二）事故现场急救知识

事故现场急救是指施工现场一旦发生事故时，第一时间将伤病员送往医院救治前在现场实施必要和及时的抢救措施。本节重点讲述高处坠落、触电伤害、物体打击、中暑、中毒和一般创伤的现场急救知识，以及现场呼吸复苏技术、现场救护常用的骨折固定技术知识、现场救护常用的止血方法、现场救护常用的包扎方法等。

1. 高处坠落的现场急救

高空坠落伤是指施工现场工人在施工中，从高处坠落，受到高速的冲击力，使身体组织或器官遭到一定程度破坏而引起的损伤。

（1）急救措施

1）在搬运和转送伤者过程中，颈部和躯干不能前屈或扭转，而应使脊柱伸直，禁止一个抬肩一个抬腿的搬法，以免发生或加重截瘫。

2）颌面部受伤者，首先应保持呼吸道畅通，撤除假牙，清除移位的组织碎片、血凝块、口腔分泌物等，同时松解伤员的颈、胸部纽扣。若舌已后坠或口腔内异物无法清除时，可用粗针穿刺环甲膜，维持呼吸、尽可能早做气管切开。

3）创伤局部妥善包扎，但对颅骨骨折和脑脊液漏伤者切忌作填塞，以免导致颅内感染。复合伤要求平仰卧位，保持呼吸道畅通，解开衣领扣。

4）周围血管伤，压迫伤部以上动脉干至骨骼。直接在伤口上放置厚敷料，绷带加压包扎以不出血和不影响肢体血循环为宜，当上述方法无效时可慎用止血带，原则上尽量缩短使用时间，一般以不超过 1 小时为宜，做好标记，注明止血带时间。

5）有条件时迅速给予静脉补液，补充血容量，快速平稳地送医院救治。

（2）注意事项

1）坠落在地的伤员，应初步检查伤情，不乱搬摇动，应立即呼叫救护车。

2）采取救护措施，初步止血、包扎、固定。

3）昏迷伤员要保持呼吸道畅通。

4）怀疑脊柱骨折，按脊柱骨折的搬运原则。切忌一人抱胸，一人抱腿搬运；伤员上下担架应由 3～4 人分别抱住头、胸、臀、腿，保持动作一致平稳，避免脊柱弯曲扭动加重伤情。

2. 触电后的现场急救

电击伤俗称触电，是由于电流或电能（静电）通过人体，造成机体损伤或功能障碍，甚至死亡。施工现场触电者的生命能否获救，在绝大多数情况下取决于能否迅速脱离电源和正确地实行人工呼吸和心脏按压，拖延时间、动作迟缓或救护不当，都可能造成死亡。

（1）脱离电源

施工现场发现有人触电时，应立即断开电源开关或拔出插头，若一时无法找到并断开电源开关时，可用绝缘物（如干燥的木棒、竹竿、手套）将电线移开，使触电者脱离电源。必要时可用绝缘工具切断电源。（所图 7-6 所示）。

图 7-6　正确脱离电源

（2）紧急救护

根据触电者的情况，进行简单的检查，根据情况不同分别处理：

1）对于神志清醒，但感到乏力、头昏、心悸、出冷汗、四肢发麻，甚至有恶心或呕吐的伤者，应使其就地安静休息，减轻心脏负担，加快恢复。情况严重时，应立即送往医疗部门检查治疗。

2）对于呼吸、心跳尚存，但神志昏迷的伤者，应将病人仰卧，保证周围空气流通，并注意保暖；除了要严密观察外，还要做好人工呼吸和心脏按压的准备工作。

3）经检查发现，处于“假死”状态的伤者，则应立即针对不同类型的“假死”对症处理。如呼吸停止，应用口对口的人工呼吸法来维持气体交换；如心脏停止跳动，应用体外人工心脏按压法来维持血液循环。

（3）救助方法

1）口对口人工呼吸法，病人仰卧，松开病人衣物，清理病人口腔阻塞物，使病人鼻孔朝天、头后仰；贴嘴吹气，放开嘴鼻换气；如此反复进行，每分钟吹气 12 次，即每 5 秒钟吹气一次，循环往复，不可间断（如图 7-7 所示）。

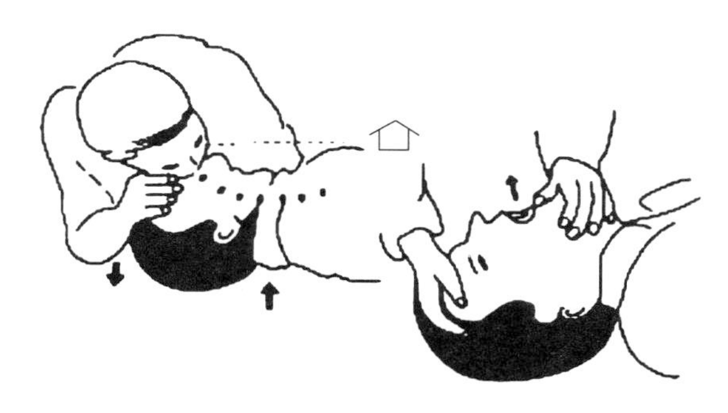

图 7-7　口对口人工呼吸法

2）体外心脏按压法，病人仰卧硬板上，抢救者中指（手掌）对病人凹膛，掌根用力向下压，慢慢向下，然后突然放开；连续操作，每分钟进行 60 次，即每秒一次（如图 7-8 所示）。

3）有时病人心跳、呼吸都停止，而急救者只有一人时，必须同时进行人工呼吸和体外心脏按压，此时可先吹两次气，立即进行按压 15 次，然后再吹两次气，再挤压，反复交替进行。

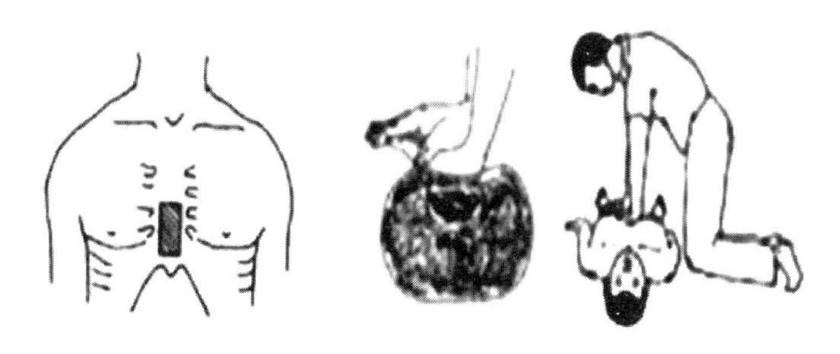

图 7-8　体外心脏按压的手法和姿势

（4）注意事项

1）抢救者本人必须首先保持镇静，不可直接用手或其他金属及潮湿的物件作为救护工具，而必须使用适当的绝缘工具。

2）要迅速地使触电者尽快脱离电源。救护人员最好用一只手操作，以防自己触电，并且要防止在场人员再次误触电源。

3）触电者未解脱电源，千万不能碰触电人的身体，否则将造成不必要的触电事故。

4）在给病人行口对口人工呼吸前，应首先清理干净病人口腔异物，有活动性假牙者应先行取出。

5）进行人工胸外按压时不要用力过猛，防止肋骨骨折。

6）做胸外心脏按压时间要较长，不要轻易放弃，同时必须密切配合进行口对口的人工呼吸。

7）在做胸外心脏按压的同时，要随时观察病人情况。如能摸到脉搏，瞳孔缩小，面有红晕，说明按摩已有效，即可停止。

8）要防止触电者脱离电源后可能的摔伤，特别是当触电者在高处的情况下，应考虑防摔措施。

3. 其他急救

（1）物体打击

物体打击是指失控的物体在惯性力或重力等其他外力的作用下产生运动，打击人体而造成人身伤亡事故，不包括主体机械设备、车辆、起重机械、坍塌等引发的物体打击（如图 7-9 所示）。

图 7-9 物体打击

救护物体打击受伤人员的步骤如下：

1）当发生物体打击造成人员受伤时，将受伤人员脱离危险地段，判断伤情。伤者明确表示受伤较轻，现场人员协助处理伤情，及时观察伤情变化；伤情较重时，拨打 120 医疗急救电话。

2）现场人员首先采取止血措施，防止受伤人员大量失血、休克、昏迷等。

3）如果受害者处于昏迷状态但呼吸心跳未停止，应立即进行口对口呼吸，同时进行心脏按压，一般以口对口吹气为最佳。

4）如受害者心跳已停止，应先进行心脏按压。

5）止血、呼吸、心跳正常后，如受害人骨折，现场人员采取固定骨折部位的措施。

6）以上救护过程在 120 医疗急救人员到达现场后结束，工作人员应配合 120 医疗急救人员进行救治，并送医院治疗。

7）现场救护措施完成后，如 120 救护车没有到，应立即将伤者用担架抬上现场车辆送医院救治。

（2）中暑

中暑是由于伤病者在非常酷热环境下，体温调节功能发生障碍，无法散发体内的热量而导致严重体温升高以及由此导致的一系列临床表现（如图 7-10 所示）。

图 7-10　中暑

1）中暑的医学特征

伤病者症状体征有皮肤潮红、干燥、无汗、体温上升，可达40℃或以上。脉快而强，严重的可能神志不清（如图 7-11 所示）。

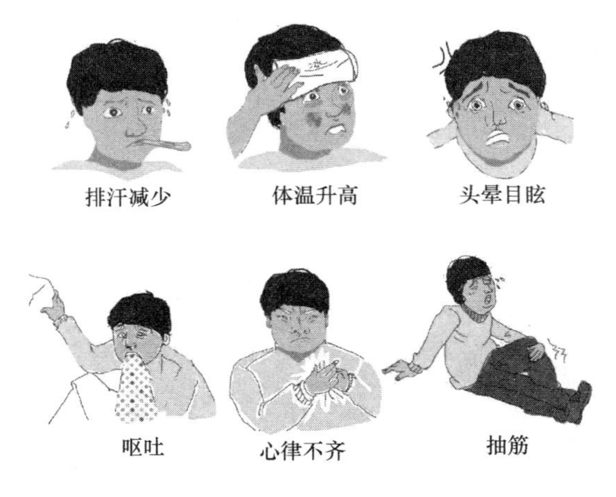

图 7-11　中暑特征

2）中暑的处理方法

在施工现场发现有中暑的伤员，必须快速处理（如图 7-12 所示）。

图 7-12　中暑的处理

① 迅速将伤病者移到阴凉通风处。

② 打开气道，必要时应当进行人工呼吸。

③ 尽快为伤病者降温，除去衣物，脱掉鞋子，让其平卧，用湿冷毛巾连续擦身，在伤病者两侧腋下及腹股沟放置湿冷布，用电扇、扇子或空调降温。

④ 密切注意呼吸、脉搏。

⑤ 及时处理呼吸、循环衰竭。

⑥ 速送医院。

(3) 中毒（如图 7-13 所示）

图 7-13 当心中毒

任何有毒物质包括固体、液体、气体接触或进入人体后，引起暂时或永久性损害，都称为中毒。中毒途径有口服、吸入、皮肤吸收、注射等。施工现场发生的中毒主要有食物中毒、燃气中毒及毒气中毒等。

1) 中毒急救原则

① 确保救护者自身安全。

② 将昏迷伤病者置于复苏体位，按照“环境评估、伤情评判、打开气道、人工呼吸、人工循环”顺序实施救护。

③ 减少毒素吸收，搬离污染现场，脱去污染衣物，用大量清水冲洗被污染皮肤，勿让伤病者进食。

④ 申请急救医疗服务时，提供患者年龄及性别、毒品名称及剂量、中毒时间、曾否呕吐、清醒程度等情况。

⑤ 搜集现场遗留的毒物、药袋及患者呕吐物，一同送往医院。

2) 施工现场中毒救护

① 食物中毒的救护

发现饭后多人有呕吐、腹泻等不正常症状时，尽量让病人大量饮水，刺激喉部使其呕吐；及时报告工地负责人和当地卫生防疫部门，并保留剩余食品以备检验；立即拨打急救电话 120 或将中毒者送往就近医院。

② 煤气中毒的救护（如图 7-14 所示）

发现有人煤气中毒时，要迅速打开门窗，使空气流通；将中毒者转移到室外实行现场急救；及时报告工地负责人；立即拨打急救电话 120 或将中毒者送往就近医院。

图 7-14　燃气中毒

③ 毒气中毒的救护（如图 7-15 所示）

在井（地）下施工中有人发生毒气中毒时，立即报告工地负责人及有关部门并立即向出事地点送风；救助人员必须佩戴齐全的安全防护用具才能下去救人。现场不具备抢救条件时，应及时拨打 110 或 120 电话求救。井（地）上人员绝对不要盲目下去救助。

图 7-15　毒气中毒

4. 现场呼吸复苏技术

在畅通气道后，一旦判定伤病人呼吸停止，应立即做人工呼吸。现场进行人工呼吸的方法有如下几种。

（1）人工口对口呼吸法

1）在保持呼吸道畅通的位置下进行。

2）口对口呼吸前向病人口中吹两口气。扩张肺组织，以利于气体交换。因心跳呼吸停止的病人，肺脏处于半萎状态。

3）病人仰卧位，尽量使其头部后仰，颈部后用枕头或衣物垫起，以解除舌下坠所致的呼吸道梗阻。下颌抬起，口盖两层纱布，急救者用一手扶于前额，另一手拇指、食指捏闭病人的鼻孔，以防吹进的气体从鼻孔露出。

4）抢救者深吸一口气后，张开口贴紧病人的嘴。

5）用力向病人的口内吹气，吹气要求快而深，同时观察病人胸部有无上抬下陷活动。

6）一次吹气完毕后，应立即与病人的口唇脱离，轻轻抬起头部，面向病人胸部，吸入新鲜空气，以便做下一次人工呼吸。同时使病人口张开，捏鼻的手也可放松，以便病人从鼻孔通气。观察病人有无胸部恢复原位，有气流从病人口内排出。

7）吹气时要控制吹气频率和吹气量，不要进行心脏按压，否则会发生肺部损伤，并影响肺通气效果。

（2）口对鼻及口对口鼻人工呼吸

有些情况下，当病人牙关紧闭不能张口，或者口腔有严重的损伤，如下颌及嘴唇外伤、下颌骨折等，不能进行口对口人工呼吸，可采用口对鼻及口对口鼻法人工呼吸。

1）口对鼻人工呼吸法（如图7-16所示）

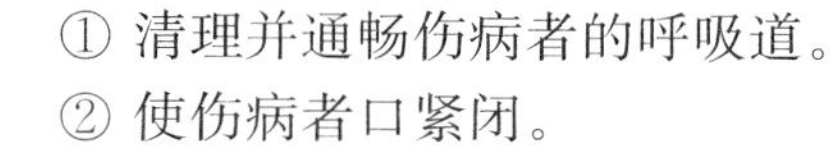

① 清理并通畅伤病者的呼吸道。

② 使伤病者口紧闭。

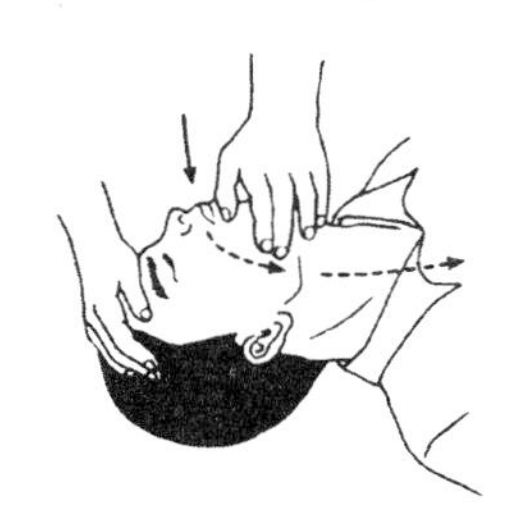

图7-16　口对鼻人工呼吸法

③ 急救者深吸气后，向伤病者鼻腔吹气。

④ 呼气时令伤者的口张开，以利于气体排除。

2）口对口鼻人工呼吸法

① 使病人口鼻张开。

② 急救者深吸一口气，用口唇全包住病人的口鼻用力向里吹气，观察胸廓有无起伏。

5. 人员骨折后的应急处置与急救

（1）人员骨折后的判断

人员发生骨折后，常用以下方法判断：

1）看受伤部位的外形有没有变化，多数（不是所有）骨折，会使受伤部位外形有所改变。骨折的种类很多，有些骨折只是有裂痕，断端位置正常，这种情况，外形不会有改变。

2）骨头折断一定会痛，伤处还会肿起，移动后会引发剧痛。

（2）骨折救治要遵循的步骤（如图 7-17 所示）

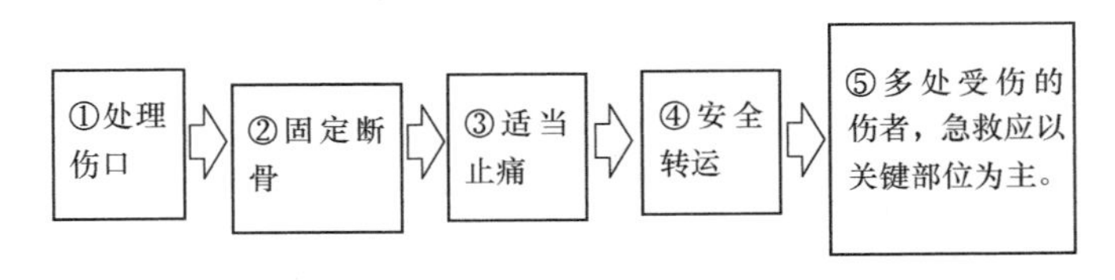

图 7-17　骨折救治步骤

1）伤口处理。对出血伤口或大面积软组织撕裂伤，应立即用急救包、绷带或清洁布等予以压迫包扎，以达到止血目的。

2）固定断骨。及时正确地固定断骨，可减少伤者的疼痛及周围组织的继发损伤，同时也便于伤者的搬运和转送。固定断骨的工具可就地取材，如棍、树枝、木板、拐杖、硬纸板等都可作为固定器材，但其长短要以固定住骨折处上下两个关节或不使断骨处错动为准。如一时找不到固定的硬物，也可用布带直接将伤肢绑在身上。

3）适当止痛。骨折会使人疼痛难忍，特别是多处骨折容易导致伤者因疼痛而休克。因此，可以给伤者口服止痛片等，做止痛处理。

4）安全转运。经过现场紧急处理后，应将伤者迅速、安全地转运到医院进一步救治。转运伤者过程中，要注意动作轻稳，防止震动和碰撞伤处，以减少伤者的疼痛。同时还要注意伤者的保暖和保持适当的体位，昏迷伤者要保持呼吸道畅通。

5）多处受伤的伤者，急救应以关键部位为主。

(3) 现场救护常用的骨折固定技术知识

骨折是人们在生产、生活中常见的损伤，为了避免骨折的断端对血管、神经、肌肉及皮肤等组织的损伤，减轻伤员痛苦，以及便于搬动与转运伤员，凡发生骨折或怀疑有骨折的伤员，均必须在现场立即采取骨折临时固定措施。

1) 常用的骨折固定方法。

① 肱骨（上臂）骨折固定法（如图 7-18 所示）。

图 7-18　肱骨（上臂）夹板、无夹板骨折固定法

② 无夹板固定法。伤员仰卧，伤腿伸直，健肢靠近伤肢，双下肢并列，两足对齐（如图 7-19 所示）。

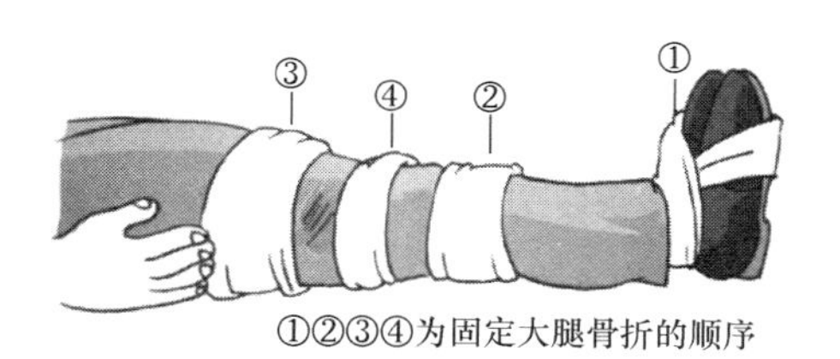

图 7-19　无夹板股骨（大腿）骨折固定法

③ 脊柱骨折固定法（如图 7-20 所示）。

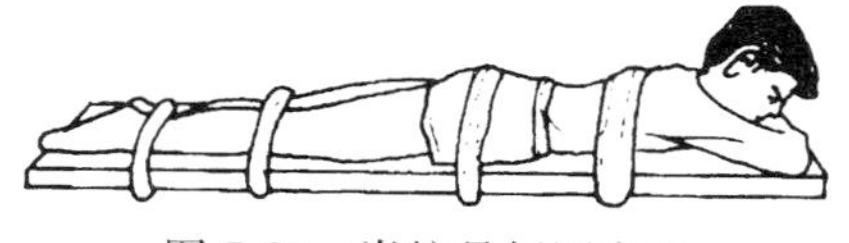

图 7-20　脊柱骨折固定法

发生脊柱骨折时不得轻易搬动伤员。严禁一人抱头，另一个人抬脚等不协调的动作。

2）现场骨折固定时应注意的事项

在现场进行骨折固定时，应注意以下事项：

① 如果是开放性骨折，必须先止血，再包扎，最后再进行骨折固定，此顺序绝对不可颠倒。

② 下肢或脊柱骨折，应就地固定，尽量不要移动伤员。

③ 四肢骨折固定时，应先固定骨折的近端，后固定骨折的远端。如固定顺序相反，可导致断骨再度移位。夹板必须扶托整个伤肢，骨折上下两端的关节均必须固定住。绷带、三角巾不要绑扎在骨折处。

④ 夹板等固定材料不能与皮肤直接接触，要用棉垫、衣物等柔软物垫好，尤其骨突部位及夹板两端更要垫好。

⑤ 固定四肢骨折时应露出指（趾）端，以随时观察血液循环情况，如有苍白、紫绀、发冷、麻木等表现，应立即松开重新固定，以免造成肢体缺血、坏死。

6. 救护常用的止血方法

（1）指压动脉止血法

这种方法适用于头部和四肢某些部位的大出血。方法为用手指压迫伤口近心端动脉，将动脉压向深部的骨头，阻断血液流通（如图 7-21 所示）。

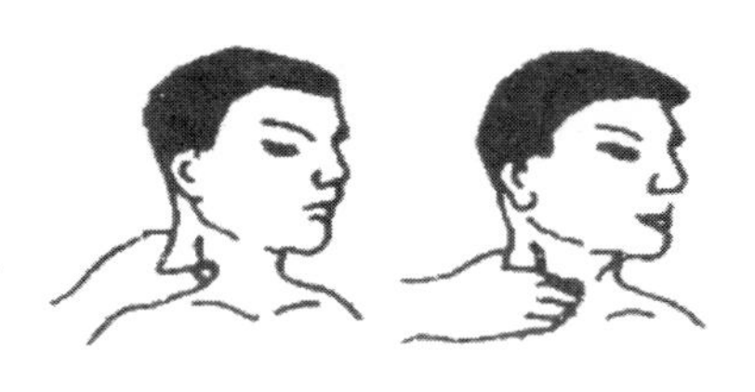

图 7-21　指压动脉止血法

（2）直接压迫止血法

这种方法适用于较小伤口的出血。用无菌纱布直接压迫伤口处，时间约 10min（如图 7-22 所示）。

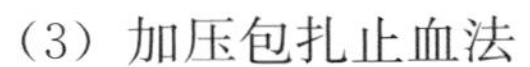

（3）加压包扎止血法

这种方法适用于各种伤口，是一种比较可靠的非手术止血法。先用无菌纱布覆盖压迫伤口，再用三角巾或绷带用力包扎，

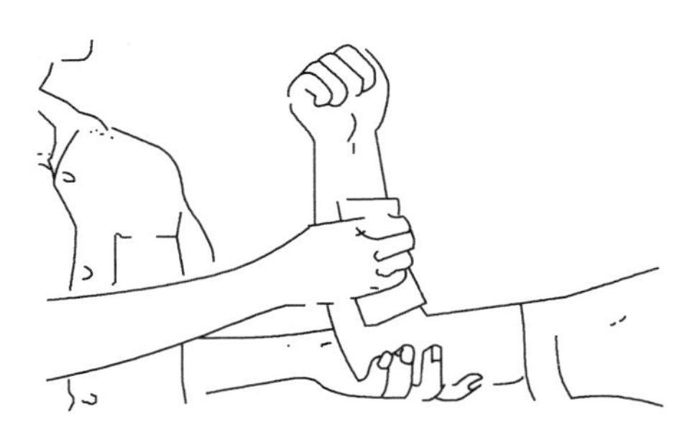

图 7-22　直接压迫止血法

包扎范围应该比伤口稍大。这是目前最常用的止血方法，在没有无菌纱布时，可使用消毒卫生巾或餐巾等代替（如图 7-23 所示）。

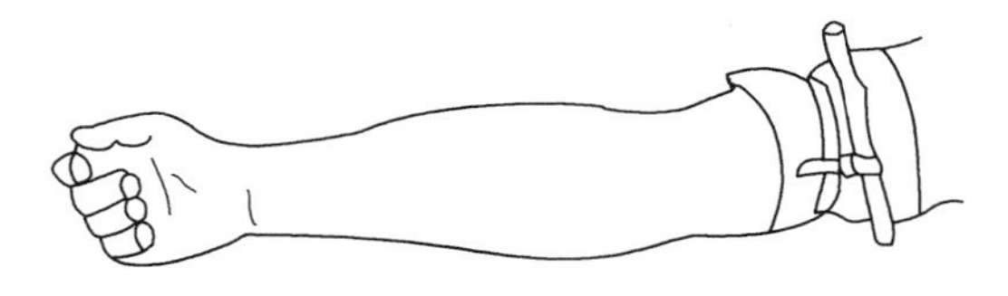

图 7-23　加压包扎止血法

八、文明施工与职业卫生

施工现场文明施工是保证安全生产的重要手段，是施工企业的一项基础性的管理工作，是现代化施工的一个重要标志，是施工企业树立“以人为本”的指导思想的具体体现。加强现场文明施工管理对提高生产效益和保证工程质量也具有深远意义。职业卫生工作事关广大人民群众的根本利益保护。保障劳动者在生产过程中的生命与健康，是我们国家的一项基本方针，是发展生产、促进经济建设的一项根本性大事。

（一）文 明 施 工

文明施工主要包括施工现场的平面布置与划分、施工场地与道路、现场临时设施及其搭设、使用管理、材料堆放以及绿色施工等内容。

1. 施工现场的平面布置与划分

（1）施工平面布置原则

1）依据工程特点和各施工阶段施工管理要求，对施工平面实行分阶段布置和管理，把办公区、生活区、生产区和加工区分开布置。

2）紧凑有序，在满足施工的条件下，减少施工用地，少占农田，尽量节约施工用地。

3）按专业划分施工用地，尽量避免各专业用地交叉而造成的相互影响干扰，有利于生产的连续性。

4）在满足施工生产需要和当地政府有关规定的前提下，按照美观、实用、节约、便于工人的生产生活的原则进行临时设施的规划建设。

5）在保证场内交通运输畅通和满足施工对材料要求的前提下，最大限度地减少场内运输，特别是减少场内二次搬运。

6）符合施工现场卫生、环保、绿色施工、劳动保护、安全技术要求和防火规范。

（2）技术工人如何通过图获得有益信息

技术工人获得有关施工图纸、施工组织设计、施工方案后，通过读取设计说明书、设计内容和有关图例，反复研读，根据设计意图和自己的知识、经验可以获得以下有益信息：

1）识别已建和待建工程的平面布置、位置、坐标、标高，测量控制网基点的位置、坐标永久厂区边界和永久征购地边界、施工临时围墙位置及边界、施工场地的划分布置。

2）移动式起重机的行走路线，垂直运输设施的位置。

3）设备库区、材料库区，设备组装、加工及堆放场地、机械机具库区。

4）施工和生活用临时设施。供电变电站及供电线路、供水管线、消防设施、办公室、临时道路等。

5）施工期间厂区和施工区的竖向布置。

6）悬挂的标牌与安全警示标志。

2. 施工场地与道路

（1）封闭式施工管理

1）现场围挡

施工现场实行封闭式施工，施工区域外围必须连续设置围挡，不能有缺口、个别处不坚固等问题。市区主要路段和其他涉及市容景观路段的工地设置围挡的高度不低于2.5m，其他一般工地的围挡高度不低于1.8m。围挡材料要求坚固、稳定、统一、整洁、美观，宜选用硬质材料，如砖砌体、金属板材等，不得采用彩条布、竹笆等。采用砖块和空心砖作围挡材料（不得兼做挡土墙），要求压顶，美化墙面（如图8-1所示）。

图 8-1　封闭式围挡

2）封闭管理

施工现场必须实行封闭管理，设置进出口大门，门头应设有企业及项目名称的“形象标志”，大门宜采用硬质材料，要求美观、大方并能上锁，不得采用易损、易破材料。制定门卫管理制度，进入施工现场所有工作人员必须佩戴（贴有照片的）工作卡，对入场工作人员建立劳务登记卡，做到人数清，情况明了，有条件的工地实行电子监控刷卡制度，严格执行外来人员进场登记制度（如图 8-2 所示）。

图 8-2　封闭管理

（2）施工场地

1）施工现场应推行硬化地坪施工，作业区、生活区主干道地面硬化施工前应考虑承载力要求和使用时限做适当设计，场内其他次要道路和相关作业区域也须做相应硬化处理。

2）施工现场设置排水系统，保证排水畅通，不积水（如图

8-3 所示）。

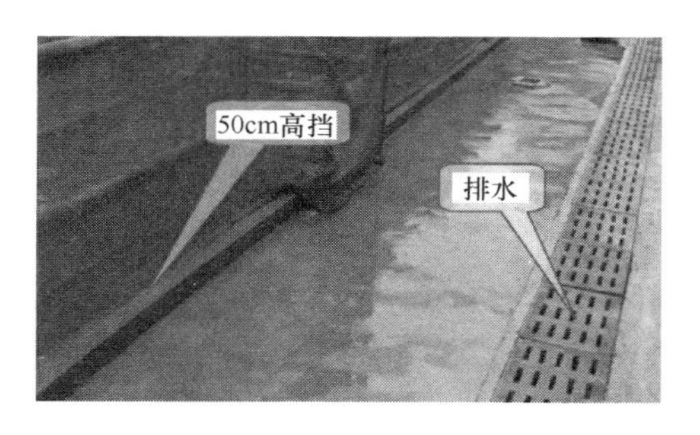

图 8-3　排水系统

3）施工现场作业区与办公、生活区必须明显划分，如确因场地狭窄不能划分的，要有可靠的隔离栏护措施。

4）施工现场建立清扫制度，落实责任到人和及时清扫，确保道路畅通、平坦和场内整洁；建筑垃圾应及时清运，车辆进出场时应有防散落和防泥带出措施，临时存放现场的，也应集中堆放整齐，悬挂标牌，不用的施工机具和设备应及时搬运出场。每天做到工完、场清、料净。

5）严禁泥浆、污水、废水外流或堵塞下水道或排入河道，并做好相应防范措施。

6）施工现场应在适当地方设置吸烟室，作业区内严禁吸烟。

7）积极美化施工现场环境，根据季节变化，适当进行绿化布置。

（3）施工现场标牌

施工现场的进口处应有整齐明显的“五牌一图”，在办公区、生活区设置“两栏一报”，施工现场应设有安全标识、标牌。

1）“五牌一图”。“五牌”是指工程概况牌、管理人员名单及监督电话牌、消防保卫牌、安全生产牌、文明施工牌，“一图”是指施工现场总平面图。

2）“两栏一报”，即读报栏、宣传栏和黑板报，丰富学习内容，表扬好人好事等。

3）标牌是施工现场重要标志的一项内容，施工现场在明显处，应有必要的安全内容的标语（如图 8-4 所示）。

图 8-4　施工现场“安全通道”标牌

（4）施工现场道路

1）施工现场的道路应畅通，应当有循环干道，满足运输、消防要求。

2）主干道应当平整坚实，且有排水措施，硬化材料可以采用混凝土、预制块或用石屑、焦渣、砂头等压实整平，保证不沉陷，不扬尘，防止泥土带人市政道路。

3）道路应当中间起拱，两侧设排水设施，主干道宽度不宜小于 3.5m，载重汽车转弯半径不宜小于 15m，如因条件限制，应当采取措施。

4）道路的布置要与现场的材料、构件、仓库等堆场、吊车位置相协调、配合。

5）施工现场主要道路应尽可能利用永久性道路，或先建好永久性道路的路基，在土建工程结束之前再铺路面。

3. 现场临时设施及其搭设、使用管理

施工现场临时设施主要包括轻钢结构的各类办公、宿舍、食堂、厕所、浴室、娱乐活动室、仓库和其他临时用房，以及施工作业区临时性加工棚及围挡等。

（1）办公、生活区搭设（如图 8-5 所示）

1）办公、生活区域内地面必须采用不低于 C15 混凝土硬化，厚度≥15cm，设置良好的排水系统，夜间应有照明。院内

图 8-5　办公、生活区

在保证车辆停放的前提下，必须布置一定量的绿化。

2）办公、生活用房应确保主体结构安全，设施完好，禁止用钢管、彩条帘、多层胶合板等搭设的简易工棚作办公、生活用房，活动房搭设不宜超过两层，并符合临建标准。严禁将尚没完工的建筑物作员工宿舍。

3）办公室净高不低于 2.5m，宿舍净高不低于 2.4m，人均居住面积不得低于 2.5m^2，室内地面硬化后铺地砖高于场地地面 15cm，防止雨水浸泡。

4）如设置食堂的，应当依法办理餐饮服务许可手续，生熟分间，并设立隔油池。

5）办公、生活区内应采用水冲式或移动式厕所，化粪池应作抗渗处理。

6）生活区内应设置能至少满足 4 人同时淋浴和更衣的浴室，并保障热水供应，有排水、通风设施，并设置衣柜或者衣架。

7）生活区内应设置饮用水设施，饮用水应符合国家卫生标准。

8）生活区内应设置医疗保健室（点），备有常用药品。

9）生活区内宜设置员工活动室，并配备必要的文体活动设施。

10）应按环保要求设置密闭式垃圾容器，生活垃圾应按环保要求收集与处置。

11）幢与幢之间留出消防安全通道，建筑面积大于 200m^2 应设置两个疏散楼梯，施工办公室面积在 100m^2 以内，配备灭火器不少于1个，每增加$50m^2$增配不少于1个。

12）集体宿舍每$25m^2$配备灭火器不少于1个，如占地面积超过$100m^2$，应按每$500m^2$设立一个2t的消防水池。

13）食堂面积在$100m^2$以内，配备灭火器不少于2个，每增加$50m^2$增配1个。

（2）施工作业区搭设（如图8-6所示）

1）施工作业区加工棚按照现行国家标准《建筑施工扣件钢管脚手架安全技术规范》JGJ 130搭设，以安全、美观、实用为原则，并保证其稳定性。宜采用ϕ48.3×3.6mm钢管，钢管上严禁打孔。扣件在螺栓拧紧扭力矩达65N·m时，不得发生破坏。

图8-6　作业区搭设

2）木工加工棚、钢筋加工棚、安全通道、施工电梯防护棚等可采用工具式防护棚。

3）防护棚的立柱纵向间距按3000mm或4500mm的模数搭设。

4）现场值班室、仓库按上述办公、生活区设施要求搭设，氧气、乙炔等危险品必须设置单独的库房，且有通风设施，并设置警示标志。

5）施工作业区地面采用不低于C15混凝土进化硬化，厚度≥15cm，加工棚地面应高于施工场地地面30cm，防止雨水浸泡。

6）加工棚工作台应符合加工流程，布置合理，工作台必须稳定牢固，必须考虑安全防护距离。

7）施工作业区要悬挂操作规程和警示标志，禁止与施工无关人员进入现场。

8）施工作业区现场每$50m^2$应配备2具灭火级别不小于3A

的灭火器，用油场所必须配置砂箱。

（3）使用管理

1）使用单位应制定临时设施防汛防台应急预案。在台风、雷暴雨来临前，使用单位应组织进行全面检查，并采取可靠的加固措施。

2）采用彩钢夹芯板制作的临时设施和采用脚手钢管及彩钢夹芯板搭设的加工棚周转次数不得超过3次，总使用时间不得超过5年。使用单位对超过使用年限，但不能及时拆除的临时设施应采取相应加固措施。

3）脚手架钢管每年要涂刷一遍防锈漆。

4）施工现场临时设施用电应符合现行国家标准《施工现场临时用电安全技术规范》JGJ 46要求，办公、宿舍内（包括值班室）严禁使用煤气灶、煤气炉、电饭煲、热得快、电炒锅、电炉等器具，有条件的可以使用空调、风扇、暖气等设施。同时应具备有效防止使用大功率（大于200W）电器的措施。

5）办公、生活用房内应有保暖、消暑、防煤气中毒、防蚊虫叮咬等措施。

6）宿舍内宜设置统一单人床铺（一人一床，面积不小于1.9m×0.9m，不得设通铺）和个人物品储放柜，室内保持通风、整洁，生活用品摆放整齐，禁止存放生产作业工具。

7）办公场所和宿舍周围环境应保持整洁、卫生、安全，采光、通风、照明应符合标准要求。

4. 材料堆放要求

（1）一般要求

1）建筑材料、构件、料具必须按施工现场总平面图堆放，布置合理。

2）建筑材料、构配件及其他料具等必须做到安全、整齐堆放（存放），不得超高。堆料应分类别，悬挂标牌。标牌应统一制作，标明名称、品种、规格数量以及检验状态等。

3）施工现场应建立材料收发管理制度。仓库、工具间材料应堆放整齐。易燃易爆物品应分类堆放，配置专用灭火器，专人负责，确保安全。

4）施工现场应建立清扫制度，落实到人，做到工完、料尽、场地清。建筑垃圾应定点存放，及时清运。

5）施工现场应采取控制扬尘措施，水泥和其他易飞扬的颗粒建筑材料应密闭存放或采取覆盖等措施。

（2）主要材料物品及半成品的堆放、保护

1）大型工具，应当摆放整齐（如图 8-7 所示）。

图 8-7　机具摆放

2）钢筋应当室内堆放整齐，用方木垫起，不宜放在潮湿的环境和暴露在外受雨水冲淋（如图 8-8 所示）。

3）砖应码成方垛，不准超高并距沟槽坑边不小于 0.5m，防止坍塌（如图 8-9 所示）。

图 8-8　钢筋堆放

图 8-9　砖块码放

4）砂应堆成方，石子应当按不同粒径规格分别堆放成方（如图 8-10 所示）。

图 8-10　砂石堆放

5）各种模板应当按规格分类堆放整齐，地面应平整坚实，叠放高度一般不宜超高 1.6m；大模板存放应放在经专门设计的存架上，应当采用两块大模板面对面存放，当存放在施工楼层上时，应当满足自稳角度并有可靠的防倾倒措施（如图 8-11 所示）。

图 8-11　模板堆放

6）混凝土构件堆放场地应坚实、平整，按规格、型号堆放，垫木位置要正确，多层构件的垫木要上下对齐，垛位不准超高；混凝土墙板宜设插放架，插放架要焊接或绑扎牢固，防止倒塌。

5. 绿色施工

绿色施工是指工程建设中，在保证质量、安全等基本要求的前提下，通过科学管理和技术进步，最大限度地节约资源与减少对环境负面影响的施工活动，实现“四节一环保”（节能、节地、节水、节材和环境保护）。

（1）基本原则

1）减少场地干扰、尊重地方环境

施工中减少场地干扰、尊重基地环境对于保护生态环境，维持地方文脉具有重要的意义。建设单位、设计单位和施工单位应当识别场地内现有的自然、文化和构筑物特征，并通过合理的设计、施工和管理工作将这些特征保存下来。施工单位应结合业主、设计单位对使用场地的要求，制订满足这些要求的、能尽量减少场地干扰的使用计划。

2）施工结合气候

施工单位在选择施工方法和施工机械，安排施工顺序，布置施工场地时应结合气候特征。这可以减少因为气候原因而带来施工措施的增加、资源和能源用量的增加，有效地降低施工成本；可以减少因为额外措施对施工现场及环境的干扰；可以有利于施工现场环境质量品质的改善和工程质量的提高。

3）施工中要落实“四节一环保”措施（如图 8-12 所示）

图 8-12　节水节电

① 水资源的节约利用。安装小流量的设备和器具，在可能的场所重新利用雨水或施工废水等措施来减少施工期间的用水量，降低用水费用。

② 节约电能。安装节能灯具和设备、利用声光传感器控制照明灯具、采用节电型施工机械、合理安排施工时间等降低用电量，节约电能。

③ 减少材料的损耗。通过合理的采购和现场保管，减少材料的搬运次数、减少包装、完善操作工艺、增加摊销材料的周转次数等降低材料在使用中的消耗，提高材料的使用效率。

④ 可回收资源的利用。一是使用可再生或含有可再生成分的产品和材料；二是加大资源和材料的回收利用、循环利用（如图 8-13 所示）。

图 8-13　可回收资源的利用

4）减少环境污染，提高环境品质

工程施工中要采取措施减少灰尘、噪声、有毒有害气体、废物等对环境品质造成的影响，提高环境品质。

5）实施科学管理、保证施工质量

实施绿色施工，必须要实施科学管理，提高企业管理水平，使企业从被动地适应转变为主动的响应，使企业实施绿色施工制度化、规范化（如图 8-14 所示）。

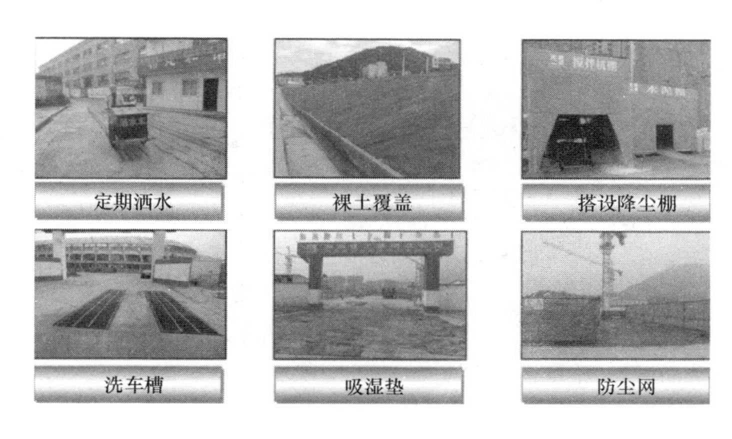

图 8-14 绿色施工

（2）施工要求

1）在临时设施建设方面。现场搭建的临时设施应选用高效保温隔热、可拆卸循环使用的材料搭建。

2）在限制施工降水方面。建设单位或者施工单位应当采取相应方法，隔断地下水进入施工区域。

3）在控制施工扬尘方面。施工单位应按现行国家标准《绿色施工管理规程》DB 11/ 513 的要求，做好洗车池和冲洗设施、建筑垃圾和生活垃圾分类密闭存放装置、沙土覆盖、工地路面硬化和生活区绿化美化等工作。

4）在渣土绿色运输方面。施工单位应按照现行国家标准《绿色施工管理规程》DB 11/ 513 的要求，选用已办理“散装货物运输车辆准运证”的车辆，持“渣土消纳许可证”从事渣土运输作业。

5）在降低声、光排放方面。施工过程中应尽量避免夜间施工。因特殊原因确需夜间施工的，必须到工程所在地区办理夜间施工许可证，施工时要采取封闭措施降低施工噪声并尽可能减少强光对居民生活的干扰。

（3）环境保护方面（如图 8-15 所示）。目前我国环境保护问

图 8-15　环境保护、人人有责

题形势非常严峻，各个施工企业务必增强社会责任意识，将环境保护作为分内之事，不能为追求自身经济利益而把环保责任甩给社会，更不能牺牲群众的环境权益来获取自己的经济利益，我们工人一定要增强社会责任意识，自觉参与环境保护，从我做起、从现在做起，为环境保护尽我们每个人的责任和义务。

（二）职　业　卫　生

1. 建设工程现场职业卫生

（1）建设工程现场职业卫生的要求

1）办公室和生活区应设密闭式垃圾容器（如图 8-16 所示）。

图 8-16　密闭式垃圾容器

2）施工企业应制定施工现场的公共卫生突发事件应急预案。

3）施工现场应配备常用药品及绷带、止血带、颈托、担架等急救器材（如图 8-17 所示）。

4）施工现场必须建立环境卫生管理和检查制度，并应做好检查记录。

（2）建设工程现场职业卫生的措施

1）现场宿舍的管理

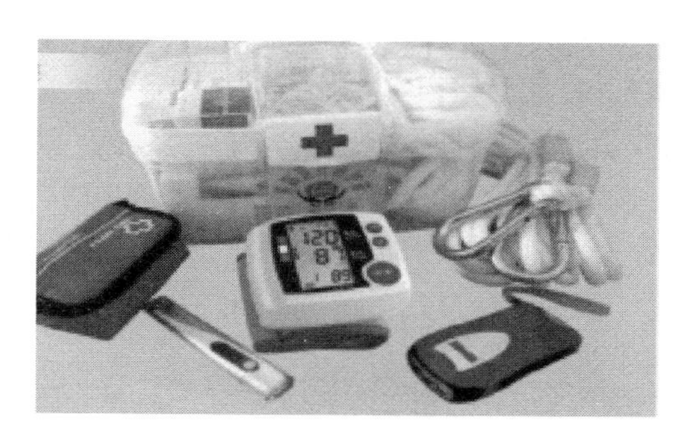

图 8-17　常用医药、器材

现场宿舍应符合文明施工管理的相关规定。宿舍区布置应符合消防要求，有管理制度，定期检查清洁卫生，并设有市政环卫垃圾箱，室内布置整齐、清洁，有相适应的绿化布置。

2）现场食堂的管理

① 食堂应设置在远离厕所、垃圾站、有毒有害场所等污染源的地方。

② 食堂的燃气罐应单独设置存放间。

③ 食堂外应设置密闭式泔水桶，并应及时清运。

④ 食堂应设置独立的制作间、储藏间，门扇下方应设不低于 0.2m 的防鼠挡板。制作间灶台及其周边应贴瓷砖，所贴瓷砖高度不宜小于 1.5m。粮食存放台距墙和地面应大于 0.2m。

⑤ 食堂布置要排水流畅、有沉积池、便于清扫、设有专用垃圾箱、有管理制度、有卫生证、炊事人员符合体检要求、工作时穿制服、不购腐烂变质的食物、生熟食物分案处理、售出食物留有样品、有灭“四害”（苍蝇、蚊子、老鼠、蟑螂）措施。

3）现场厕所的管理

① 施工现场应设置水冲式或移动式厕所。蹲位之间宜设置隔板，隔板高度不宜低于 0.9m。

② 高层建筑施工超过 8 层以后，每隔 4 层宜设置临时厕所。

③ 厕所兴建必须按规定申报审批，并经三级过滤排放到市

政污水管道，配有自动冲刷设备，无跑、冒、滴、漏现象。

2. 职业病防治基本知识

《中华人民共和国职业病防治法》第二条规定：职业病是指企业、事业单位和个体经济组织等用人单位的劳动者在职业活动中，因接触粉尘、放射性物质和其他有毒、有害因素而引起的疾病。

（1）法定职业病的条件

确定法定职业病必须同时具备以下五个条件：

1）患者必须与用人单位存在实际上的劳动雇佣关系，而用人单位必须是合法的产业活动单位（包括个体经济组织）。

2）必须是在从事职业活动的过程中引起的。

3）必须是因接触粉尘、放射性物质和其他有毒、有害物质等职业病危害因素而引起的，职业危害因素接触与病人临床表现有必然的因果关系。

4）必须是国家公布的职业病目录所列的职业病。

5）必须符合国家职业病诊断标准。

（2）职业病的危害分类

1）尘肺。有硅肺、煤工尘肺等。

2）职业性放射病。有外照射急性放射病外、照射亚急性放射病、外照射慢性放射病、内照射放射病等。

3）职业中毒。有铅及其化合物中毒、汞及其化合物中毒等。

4）物理因素职业病。有中暑、减压病等。

5）生物因素所致职业病。有炭疽、森林脑炎等。

6）职业性皮肤病。有接触性皮炎、光敏性皮炎等。

7）职业性眼病。有化学性眼部烧伤、电光性眼炎等。

8）职业性耳鼻喉疾病。有噪声聋、铬鼻病。

9）职业性肿瘤。有石棉所致肺癌、间皮癌，联苯胺所致膀胱癌等。

10）其他职业病。有职业性哮喘、金属烟热等。

（3）建筑业职业病危害的种类

根据建筑业施工现场的具体情况职业危害一般有六大类：

1）生产性粉尘的危害。在建筑施工作业过程中，材料的搬运使用、石材的加工、建筑物的拆除，均会产生大量的矿物性粉尘，长期吸入这样的粉尘可发生矽肺病。

2）缺氧窒息的危害。在建筑物地下室施工时由于作业空间相对密闭、狭窄，通风不畅、特别是在这种作业环境内进行焊接或切割作业，耗氧量极大，又因缺氧导致燃烧不充分，产生大量一氧化碳，从而造成施工人员缺氧窒息和一氧化碳中毒。

3）有毒物品的危害。建筑施工过程中常接触到多种有机溶剂，这些有机溶剂的沸点低、极易挥发，在使用过程中挥发到空气中的浓度可以达到很高，极易发生急性中毒和中毒死亡事故。

4）焊接作业产生的金属烟雾危害。在焊接作业时可产生多种有害烟雾物质，如电气焊时使用锰焊条，除可以产生锰尘外，还可以产生锰烟、氟化物，臭氧及一氧化碳，长期吸入可导致电气工人尘肺及慢性中毒。

5）生产性噪声和局部振动危害。建筑行业施工中使用的机械工具如钻孔机、电锯、振捣器及一些动力机械都可以产生较强的噪声和局部的振动，长期接触噪声可损害职工的听力，严重时可造成噪声性耳聋，长期接触振动能损害手的功能，严重时可导致局部振动病。

6）高温作业危害。长期的高温作业可引起人体水电解质紊乱，损害中枢神经系统，可造成人体虚脱，昏迷甚至休克，易造成意外事故。

（4）职业病的预防和控制措施

1）职业病防治工作要坚持“预防为主，防治结合”的基本方针。

2）加强职业病防治工作的领导，成立职业健康卫生管理领导小组，提供职业病防治所需的经费和设备。

3）加强职业卫生知识的培训，职业卫生知识培训是提高职工自我保护意识，自觉遵守法律、法规和操作规程，正确使用防护用品的基础，建立职工职业卫生知识培训档案。

4）从事或接触有职业危害（粉尘、有毒有害气体、放射性物质）等因素或对健康有特殊要求作业时，必须对施工人员进行上岗前的职业性健康检查，经过检查合格后方可安排从事上述有关作业，并应当及时将检查结果告知劳动者本人和建立健康档案。

5）有害作业场所应当与其他作业场所分开，施工人员配备必要的劳动卫生防护设施。

6）易发生急性职业性中毒事故的作业场所，应当配备紧急防范设备和医疗急救用品，并确定专职或者兼职急救人员。

7）对产生职业病危害的工程项目，在醒目位置设置公告栏。

8）有放射源或者生产放射线的作业场所，应当设置放射性警示标志，并采取相应的防护措施，加强防范管理。

9）对存在严重职业病危害因素的工程项目或作业场所，应组织有关单位定期进行检测、评价。

10）单位必须对从事或接触有职业病危害和从事对健康有特殊要求的作业人员定期进行职业性健康检查。

11）不得安排患有禁忌病的人员从事所禁忌的作业，对已发现受到职业性损害的人员，应及时安排治疗或将其调离原工作岗位。

12）对被确诊患有职业病的劳动者，应当及时安排治疗或者疗伤，并定期复查。

3. 职业卫生健康档案管理

职业卫生档案和劳动者健康监护档案是职业病危害预防、评价、控制、治理、研究和开发职业病防治技术以及职业病诊断鉴定的重要依据，是区分健康损害责任重要证据之一。存在职业病危害的用人单位应当制定职业病危害防治计划和实施方案，建立、健全职业卫生管理制度和操作规程、职业卫生档案和劳动者健康监护档案。

（1）职业卫生档案的内容

职业卫生档案应当包括本单位的基本情况、生产工艺流程图、防护设施使用情况、主要职业卫生问题、有害因素动态监测情况、职业健康体检情况分析、职业病病人登记等主要内容。

（2）劳动者健康监护档案的内容

劳动者健康监护档案应当包括劳动者基本情况、职业史、既往史和职业危害病史、上岗前、在岗、离岗健康检查结果及处理情况、职业禁忌等有关个人健康职业史关系的档案资料内容。这些资料内容为劳动者职业病诊断、健康损害、划分以及职业病危害评价提供依据。因此用人单位必须为每位劳动者建立职业健康监护档案。主要包括：

1）职业史及职业病危害因素接触史登记表（如表8-1）

职业史及职业病危害因素接触史登记表　　表8-1

起止日期	工作单位	项目	工种	职业病危害因素	防护措施

2）既往病史

3）急慢性职业病史登记表（如表8-2）

急慢性职业病史登记表　　表8-2

病　　名＿＿＿＿＿＿＿＿＿＿＿＿　　诊断日期：＿＿＿＿＿＿＿＿＿＿＿＿

诊断单位：＿＿＿＿＿＿＿＿＿＿＿＿　　是否痊愈：＿＿＿＿＿＿＿＿＿＿＿＿

其他补充说明：＿＿＿＿＿＿＿＿＿＿＿＿＿＿＿＿＿＿＿＿＿＿＿＿＿＿＿＿

＿＿＿＿＿＿＿＿＿＿＿＿＿＿＿＿＿＿＿＿＿＿＿＿＿＿＿＿＿＿＿＿＿＿＿＿

＿＿＿＿＿＿＿＿＿＿＿＿＿＿＿＿＿＿＿＿＿＿＿＿＿＿＿＿＿＿＿＿＿＿＿＿

＿＿＿＿＿＿＿＿＿＿＿＿＿＿＿＿＿＿＿＿＿＿＿＿＿＿＿＿＿＿＿＿＿＿＿＿

4）历年职业健康检查结果及处理情况记录表（如表8-3）

历年职业健康检查结果及处理情况记录表　　　表 8-3

体验时间	体检时 从事工种	主要体检结果	处理情况	体检单位
			正常□ 调离□	
			正常□ 调离□	
			正常□ 调离□	
			正常□ 调离□	

5）历年作业场所职业病危害因素监测与评价情况记录表（如表 8-4）

历年作业场所职业病危害因素监测与评价情况记录表　表 8-4

监测时间	危害因 素种类	主要监 测结果	评价 情况	处理结果	监测单位

6）职业病诊疗情况记录表（如表8-5）

职业病诊疗情况记录表　　表8-5

诊断时间	从事工种	诊断结论	诊断单位	治疗情况

7）职业健康检查和职业病诊疗等相关材料粘贴处

8）其他应存档资料

① 职业健康监护委托书及受委托的医疗卫生机构省卫生厅颁发的职业卫生技术服务资质认证证明文件。

② 职业健康检查结果报告和评价报告。

③ 职业病报告卡。

④ 对职业病患者和职业禁忌者处理和安置的记录。

⑤ 在职业健康监护中产生的其他资料和职业健康检查机构提供的有关资料。

⑥ 职业病发病情况及职业病患者处理情况记录。

⑦ 职业卫生防护企业内部管理相关记录，以及企业职业卫生培训资料。

⑧ 其他应存档资料。

（3）档案的保存

档案保存期限为长期。当劳动者离开用人单位时，有权索取本人健康监护档案复印件，用人单位应当如实、无偿提供，并在所提供的复印签章认定。劳动者进行职业病诊断鉴定，需要用人单位提供诊断鉴定有关资料，如用人单位不能按诊断鉴定机构的要求提供相应资料，将承担举证不力的后果。

九、建筑施工安全事故

搞好安全生产工作，保证人民群众的生命和财产安全，是实现我国国民经济可持续发展的前提和保障，是提高人民群众的生活质量，促进社会稳定与创造和谐社会的基础。

（一）安全事故基本知识

安全事故是指生产经营单位在生产经营活动（包括与生产经营有关的活动）中突然发生的，伤害人身安全和健康，或者损坏设备设施，或者造成经济损失的，导致原生产经营活动（包括与生产经营活动有关的活动）暂时中止或永远终止的意外事件。

1. 安全事故分类

建筑施工安全事故按伤害的原因分为：高处坠落事故、坍塌事故、物体打击事故、触电事故、起重伤害事故、中毒和窒息事故、车辆伤害事故和其他伤害事故等（如图 9-1 所示）。

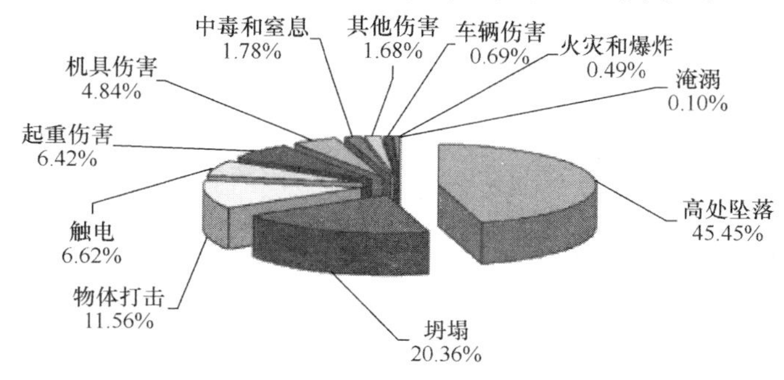

图 9-1　建筑施工安全事故分类

2. 安全事故等级

根据生产安全事故（以下简称事故）造成的人员伤亡或者直接经济损失，事故一般分为以下等级：

（1）特别重大事故，是指造成30人以上死亡，或者100人以上重伤（包括急性工业中毒，下同），或者1亿元以上直接经济损失的事故。

（2）重大事故，是指造成10人以上30人以下死亡，或者50人以上100人以下重伤，或者5000万元以上1亿元以下直接经济损失的事故。

（3）较大事故，是指造成3人以上10人以下死亡，或者10人以上50人以下重伤，或者1000万元以上5000万元以下直接经济损失的事故。

（4）一般事故，是指造成3人以下死亡，或者10人以下重伤，或者1000万元以下直接经济损失的事故。

3. 建筑工程重大危险源的识别

（1）建筑工程重大危险源主要类型

重大危险源是指依据安全生产国家标准、行业标准或国家有关规定辨识确定的危险设备、设施或场所（包括场所和设施）。建筑工地重大危险源按场所不同可分为施工现场重大危险源与临建设施重大危险源两类。对危险源的辨识应从人、机、料、法、环等角度入手，动态分析识别评价可能存在的危险有害因数的种类和危险程度，从而找到整改措施来加以治理。

1）施工现场重大危险源

①人的不安全行为，特别是“三违”现象。

②脚手架、模板和支撑、起重塔吊、人工挖孔桩、基坑施工等局部结构工程失稳，造成机械设备倾覆、结构坍塌、伤亡等。

③施工高度大于2m的作业面，因安全防护不到位、人员未配系安全带等原因造成人员踏空、滑倒等高处坠落摔伤或坠落物体打击下方人员等。

④因支护、支撑等设施失稳、坍塌，造成施工场所破坏、人

员伤亡。

⑤工程材料、构件及设备的堆放、吊运、搬运等过程中发生堆放散落、高空坠落、撞击人员等。

⑥施工作业时损坏地下燃气管道等因通风排气不畅造成人员窒息或中毒。

⑦施工电器设备的安全保护不符合要求，造成人员触电、局部火灾等。

⑧施工降水，造成周围建筑物因地基不均匀沉降而倾斜、开裂、倒塌等。

2）临建设施重大危险源

①厨房与临建宿舍安全间距不符合要求，易燃易爆危险化学品意外造成火灾或人员窒息中毒。

②工地饮食不符合卫生标准，造成集体中毒或疾病。

③电线私拉乱接，发生触电及火灾等。

④临建设施拆除时发生坍塌，作业人员高处坠落事故。

（2）建筑工程重大危险源整治措施

1）建立建筑工地重大危险源的公示制度。

2）建立建筑工地重大危险源跟踪整改制度。

3）制止人的不安全行为，严禁“三违”，加强教育，严格检查、处罚。

4）淘汰落后的技术、工艺，提高工程施工安全设防标准，降低施工安全风险。

5）对施工机械安装、运行、拆卸及防护设施，加强检测、维保、验收、监管。

6）对危险源制定应急预案，并加强应急演练。

7）完善施工安全长效机制。

4. 建筑施工常见事故产生的原因

建筑施工常见的安全事故主要为高处坠落事故、物体打击事故、机械伤害事故、坍塌事故、触电事故等五大类，俗称为建筑施工现场“五大伤害”（如图 9-2 所示）。

图 9-2 “五大伤害”

（1）高处坠落事故

1）高处坠落事故是指由高处掉落下来而造成的人身伤亡事故（如图 9-3 所示），多年来一直是建筑施工现场“五大伤害”事故之首。

图 9-3 高处坠落事故

2）高处坠落事故的主要原因

①施工人员患有不适合高处作业的疾病，如高血压、心脏病等。

②施工人员不注意自我保护，如悬空作业时未系或未正确使用安全带。

③个人防护用品本身有缺陷，如使用三无产品或已老化的

产品。

④“四口”、“五临边”无安全防护设施或安全设施不牢固，未及时处理已损坏的设施。

⑤提升机具限位保险装置失灵或“带病”工作。

⑥井架吊篮载人上下，人货升降机超载运行。

⑦施工方法上存在不安全因素，如移动不小心踩空、脚底打滑或被绊倒，登高作业前，未检查脚踏物是否安全可靠。

⑧气候原因造成的事故，如在6级及以上强风、浓雾、沙尘暴等恶劣天气从事高空露天作业。

3）高处坠落事故的防范措施

①落实“安全帽、安全带、安全网”三宝防护措施。进入现场要正确佩戴安全帽，高处作业系好安全带，高处作业的下方必须设安全网。

②落实好“四口”防护措施。凡楼梯口、电梯井口、通道口、预留孔洞口必须设围栏或盖板；在建施工建筑物所有出入口必须搭设符合要求的安全防护棚。

③落实“五临边”防护措施。

④加强轻型屋面、天棚的防护措施。

⑤安装用的梯子、操作平台必须牢固。

⑥立体交叉作业时避免在同一垂直方向上操作，无法避免时应采取隔离防护措施。

⑦避开在恶劣的气候施工，如6级及以上强风、浓雾、沙尘暴等环境不良的条件下，禁止从事高处作业或洞口作业。

⑧登高设施或用具的材质和稳定性必须符合要求。

（2）物体打击事故

1）物体打击事故是指失控的物体在惯性力或重力等其他外力的作用下产生运动，打击人体而造成人身伤亡事故（如图9-4所示）。不包括主体机械设备、车辆、起重机械、坍塌等引发的物体打击。

2）物体打击事故的主要原因

图 9-4　物体打击事故

①作业人员进入施工现场未正确佩戴安全帽。

②没有在规定的安全通道、场所内活动。

③工具没有放在工具袋内，随手乱放。

④作业人员从高处往下抛掷建筑材料、杂物、建筑垃圾或向上递工具。

⑤脚手板不满铺或铺设不规范，物料堆放在临边及洞口附近。

⑥拆除工程未设警示标志，周围未设护栏或未搭设防护棚。

⑦起重吊运物料时，没有专人进行指挥。

⑧起重吊装未按“十不吊”规定执行。

⑨平网、密目网防护不严，不能很好地去封住坠落物体。

3）物体打击事故的防范措施

①人员进入施工现场必须正确佩戴安全帽，并在安全通道内出入。

②临时设施的防护棚材料质量、搭设方法等必须符合规定。

③作业过程一般常用工具必须放在工具袋内，物料和工具等物件传递不得乱抛。

④所有物料应堆放平稳，不得放在临边及洞口附近，并不可妨碍通行。

⑤高空安装起重设备或垂直运输机具，要注意零部件落下伤人。

⑥吊运一切物料都必须由持有司索工上岗证人员进行指挥，散料应用吊篮装置好后才能起吊。

⑦拆除或拆卸作业要在设置警戒区域、有人监护的条件下进行。

⑧高处拆除作业时，拆卸的物料、建筑垃圾要及时清理和运走，不得在走道上任意乱放或向下丢弃。

（3）机械伤害事故

1）机械伤害事故是指机械设备运动（静止）部件、工具、加工件直接与人体接触而造成人身伤亡事故（如图 9-5 所示）。

图 9-5 机械伤害事故

2）机械伤害事故的主要原因

①检修、检查机械忽视安全措施。如人进入设备、检修、检查作业，不切断电源，未挂警示牌，无专人监护等。

②缺乏安全装置。如有的机械传动带、齿轮等易伤害人部位没有完好防护装置。

③电源开关布局不合理，紧急情况无法立即停车；或多台机械开关混杂，易误开误关。

④机械设备自身不符合安全要求。

⑤在机械运行中进行清理、维修、保养等作业。

⑥无关人员随意进入机械运行危险作业区。

⑦无证人员操作机械。

3）机械伤害事故的防范措施

①检修机械必须严格执行断电悬挂停电标志牌和设专人监护的制度。

②机械设备各传动部位必须有可靠防护装置和完好的紧急制动装置。

③投料口、螺旋输送机等部位必须有盖板、护栏和警示牌。

④机械开关布局必须合理，便于操作，不得相互干扰。

⑤严禁无关人员进入机械作业现场。

⑥操作各种机械人员必须经过专业培训，持证上岗。

⑦作业人员严格执行有关规章制度，正确使用劳动安全防护用品。

（4）触电事故

1）触电事故是指一定强度的电流通过人体而造成人身伤亡事故（如图 9-6 所示）。

图 9-6　触电事故

2）触电事故的主要原因

①缺乏安全用电常识造成触电。

②私拉乱接造成触电。

③违章作业造成触电。

④设备安装不合格造成触电。

⑤对用电线路、设备缺乏维护管理，存在事故隐患。

⑥与弱电线路搭接造成触电。

⑦雷电、暴雨、台风等自然灾害而引起的触电事故。

⑧因破坏电力设施而造成的触电。

3）触电事故的防范措施

①操作人员持证上岗，非专业人员或电工不得从事电气工作。

②不准私拉乱接用电设备，采用合格的电气设备。

③电气工作要严格按规程操作。

④应定期或不定期对线路进行巡视检查，发现问题及时处理。

⑤强电线路与弱电线路交叉时，强电线路应架设在弱电线路的上方，最小垂直距离不得低于规程要求。

⑥雷电时尽量不用电气设备。

⑦不要接触断线和电气设备。

（5）坍塌事故

1）坍塌事故是指物体在外力或重力作用下，超过自身的强度极限或因结构稳定性破坏而造成人身伤亡事故（如图 9-7 所示）。

图 9-7 坍塌事故

2）坍塌事故的主要原因

①工程结构设计错误。

②脚手架、模板支撑、起重设备结构、基坑支护设计错误。

③专项施工方案无针对性，不执行法规、标准。

④现场管理人员失职。

⑤未按专项施工方案施工。

⑥安全防护设施缺乏。

3）坍塌事故的防范措施

①按规定进行设计，落实设计交底。

②编报符合要求的专项施工方案，落实安全质量施工技术交底工作。

③相关部门人员严格执行标准、规范、设计文件及已批准的专项施工方案。

④强化施工过程控制和工序验收。

⑤加强现场监管，发现质量安全隐患及时消除。

（二）现场事故处理

1. 事故报告程序及时限

（1）施工单位报告的程序及时限

1）事故发生施工单位报告的程序

①事故发生后，事故现场有关人员应当向施工单位负责人报告。

②施工单位负责人接到报告后，应当向事故发生地县级以上人民政府建设主管部门和有关部门报告（如图 9-8 所示）。

图 9-8　发生事故应当报告

③情况紧急时，事故现场有关人员可以直接向事故发生地县级以上人民政府建设主管部门和有关部门报告。

④实行施工总承包的建设工程，由总承包单位负责上报事故。

图 9-9　事故现场人员应当立即报告

2）事故发生施工单位报告的时限

①事故现场有关人员向施工单位负责人报告的时限：立即（如图 9-9 所示）。

②施工单位负责人向事故发生地县级以上人民政府建设主管部门和有关部门报告的时限：1 小时。

（2）负有安全生产监督管理职责的部门（指建设主管部门）报告的每级上报的时间不得超过 2 小时。

2. 事故报告内容

（1）事故报告的内容

建筑施工事故报告一般应当包括下列内容：

1）事故发生单位概况。

2）事故发生的时间、地点以及事故现场情况。

3）事故的简要经过。

4）事故已经造成或者可能造成的伤亡人数（包括下落不明的人数）和初步估计的直接经济损失。

5）已经采取的措施。

6）其他应当报告的情况。

（2）事故报告后出现补报情况的要求

事故报告应当及时、准确、完整，任何单位和个人对事故不得迟报、漏报、谎报或者瞒报（如图 9-10 所示）。事故报告后出现新情况，以及自事故发生之日起 30 日内，事故造成的伤亡人数发生变化的和道路交通事故、火灾事故自发生之日起 7 日内，

图 9-10　迟报、漏报、谎报或者瞒报事故违法

事故造成的伤亡人数发生变化的，均应当及时补报。

3. 事故应急常用电话

（1）事故现场应急处理程序

事故发生单位负责人接到事故报告后，应当立即启动事故响应应急预案，或者采取有效措施，组织抢救，防止事故扩大，减少人员伤亡和财产损失。同时，还应当妥善保护事故现场以及相关证据，任何单位和个人不得破坏事故现场、毁灭相关证据。因抢救人员、防止事故扩大以及疏通交通等原因，需要移动事故现场物件的，应当作出标志，绘制现场简图并做出书面记录，妥善保存现场重要痕迹、物证，有条件的可以拍照或录像。

（2）事故应急常用电话

事故应急电话比较多，常用事故应急电话有：火警电话119；治安电话110；医疗急救电话120；交通事故电话122等。另外还应掌握当地建设主管部门的事故报告及应急常用电话。

4. 事故调查配合

（1）事故调查

1）负责组织事故调查的规定

当前，生产安全事故由人民政府负责组织调查。按照有关人民政府的授权或委托，建设主管部门组织事故调查组对建筑施工

图 9-11　接受事故调查

生产安全事故进行调查（如图 9-11 所示），出了事故就要接受调查，责任者应承担相应责任。

2）组织事故调查的级别要求

特别重大事故由国务院或者国务院授权有关部门组织事故调查组进行调查。重大事故、较大事故、一般事故分别由事故发生地省级、设区的市级人民政府、县级人民政府负责调查。未造成人员伤亡的一般事故，县级人民政府也可以委托事故发生单位组织事故调查组进行调查。

3）事故调查组的组成及工作原则、职责、时限要求

事故调查处理应当按照科学严谨、依法依规、实事求是、注重实效的原则，及时、准确地查清事故原因，查明事故性质和责任，总结事故教训，提出整改措施，并对事故责任者提出处理意见。事故调查组应当自事故发生之日起 60 日内提交事故调查报告，特殊情况下，经负责事故调查的人民政府批准，提交事故调查报告的期限可以适当延长，但延长的期限最长不超过 60 日。事故调查报告应当依法及时向社会公布，依法对事故责任者进行追责（如图 9-12 所示）。

图 9-12　事故责任者追责

（2）调查配合

1）事故发生单位的负责人及有关人员的要求

事故发生单位的负责人和有关人员在事故调查期间不得擅离职守，并应当随时接受事故调查组的询问，如实提供有关情况。

2）对有关单位和个人的要求

事故调查组有权向有关单位和个人了解与事故有关的情况，并要求其提供相关文件、资料，有关单位和个人不得拒绝。任何单位和个人不得阻挠和干涉对事故的依法调查处理。

（3）安全生产事故处理坚持“四不放过”原则（如图 9-13 所示），安全事故是“高压线”绝对不能碰。

图 9-13　事故处理“四不放过”

1）事故原因未查清不放过；

2）事故责任人未受到处理不放过；

3）事故责任人和周围群众没有受到教育不放过；

4）事故制订切实可行的整改措施没有落实不放过。

（三）安全事故典型案例分析

每一起事故的发生，就是一次血的教训，每一次教训都是用生命换来的，代价是巨大的，教训是沉痛的。无数血淋淋的事实告诉我们，违章是事故的祸根和温床，是管理的漏洞和死角，十次事故九次违章。我们必须自觉地用规章制度约束自己，用安全操作保护自己，用血的教训时刻警醒自己。

1. 高处坠落事故

（1）事故概况

2015 年 6 月 7 日 14 时许，某安装工程公司在其承接的某粮食仓储及码头配套工程工作塔、汽车接发站、立筒仓、消防泵房、消防水池工程④轴—⑤轴交Ⓓ轴—Ⓔ轴的立筒仓仓顶（标高为＋40.5m）进行模板施工过程中，发生事故，造成正在钢桁架平台上作业的四名作业人员高处坠落，后经医院抢救无效死亡，直接经济损失约人民币 450 万元。

（2）事故简要经过

2015 年 6 月 7 日 14 时许，4 名劳务工人在④轴—⑤轴交Ⓓ轴—Ⓔ轴的立筒仓仓顶（标高为＋40.5m）施工过程中，通过 4 台手动葫芦对钢桁架平台（即由 28 榀滑模提升架连接而成的作业平台）进行下降作业，此时，4 台手动葫芦当中，3 台悬挂在滑模提升架 2［10 横梁上，1 台悬挂在 2 榀滑模提升架之间的钢管上，而且，该 4 台手动葫芦的 4 个下吊点均吊拉在钢桁架平台下弦钢管上。由于悬挂手动葫芦上的钢管（2 榀滑模提升架之间）受力突然变形失稳，导致钢桁架平台向该手动葫芦下吊点方向倾斜，致使该手动葫芦下吊点受力同时变大，该下吊点钢管也因此弯曲变形失稳，并从钢桁架中脱落。随后，该钢桁架平台荷载重新分配到其他 3 台手动葫芦下吊点，直至下吊点钢管弯曲变形并从钢桁架平台中脱落，钢桁架平台从高处坠落至地面，在该钢桁架平台上作业的四名劳务工人高处坠落至地面，后送医院经抢救无效死亡。

（3）事故原因

1）直接原因

手动葫芦上吊点失稳和吊点钢管弯曲变形，承载力不足，导致钢桁架平台从高处坠落，四名作业人员违章作业，在无有效安全防护的情况下，进行下降作业。

2）间接原因

违法分包、管理流于形式、安全生产教育培训不到位、违章作业、技术交底不到位等。

（4）事故教训

事故共造成4人死亡，直接经济损失约人民币450万元。

（5）事故处理结果

事故中死亡的四人因违章作业，在无安全防护的情况下进行下降作业，导致事故的发生，对事故负有直接责任。鉴于其四人已死亡，不再追究其责任。

移送司法机关处理人员4人，许某（现场包工头）、周某（滑模班组长）、董某（项目总监）、刘某（现场安全生产负责人）。

2. 物体打击事故

（1）事故概况

2016年1月11日上午，某国际金融中心一期商务区8号楼发生一起物体打击事故，导致1人死亡，直接经济损失100万元。

（2）事故简要经过

2016年1月11日9时50分许，由于施工现场电箱故障导致停电，某在建工地停工，罗某、王某在裙房四层楼面东面平台，对悬挂在外墙的吊篮配重、螺栓连接等进行安全检查及规整。9点50分许，罗某在裙房四层东面平台的活动架上规整吊篮部件，位于罗某站立正上方的30楼东面的1号小炮车滑轮挂点销子松动，滑轮脱落，正好砸中罗某头部，经抢救无效死亡。

（3）事故原因

1）直接原因

滑轮坠落伤人。

2）间接原因

事故隐患排查治理不到位、隐患整改不力，现场管理混乱、违规作业等是事故发生的间接原因。

（4）事故教训

事故共造成 1 人死亡，直接经济损失 100 万元。

（5）事故处理结果

1）某建筑安装工程有限公司，在本次事故中负有责任，建议对其处以 30 万元人民币的罚款。

2）唐某，项目施工负责人，未认真履行项目负责人职责，建议处上一年年收入百分之三十（1.8 万元人民币）的罚款。

3. 触电事故

（1）事故概况

2012 年 7 月 14 日江北某产业集中区某标准化厂房 2 名电焊工在桩基钢筋焊接时因焊钳落在颈部，其中 1 人未能摆脱，造成电击，另 1 人经抢救无效死亡。

（2）事故简要经过

上午约 9 时，江北某产业集中区某标准化厂房工程正在实施桩基工程中突然下起雷阵雨，建设单位项目办安全负责人立即电话通知该厂房承建单位项目经理与安全负责人要求停止现场作业，同时以书面紧急通知形式发文至该项目监理、施工单位。要求严格按夏季防雷防触电相关要求做好安全生产工作。下午 14 时，承建单位班组技术负责人在施工现场进行了口头安全技术交底后正常施工。约 15 时 30 分，又下一阵雨，大部分劳务工人停止作业返回宿舍休息。其中 7 号桩基承台正进行钢筋绑扎工序，带班班长要求 2 名电焊工将该桩基最后一根钢筋焊接完毕收工。劳务工王某在更换焊条时触及焊钳口，因痉挛后仰跌倒，焊钳落在颈部未能摆脱，造成电击，经抢救无效死亡（如图 9-14 所示）。事故发生后施工单位立即上报建设单位及市安监管理相关部门。事故经调查后发现该单位安全管理资料相对较健全，但施工现场临时用电方案仅有项目技术负责人签批。

（3）事故原因分析

图 9-14　事故现场

1）直接原因

王某在更换焊条时触及焊钳口，导致触电。

2）间接原因

未按现场用电施工组织设计进行施工，用电管理混乱，用电档案建立不健全、安全管理人员履职不明，焊工防护措施不到位，监理人管理失职。

（4）事故教训

本起事故是一起现场管理混乱，相关责任人员履职履责不到位造成 1 人死亡的安全责任事故。

（5）事故处理结果

A. 经济处罚：分别给对予这起事故负有主要责任、管理责任、直接领导责任、主要领导责任的项目部经理、安全部长、施工单位主要负责人罚款 1 万元、5 千元、2 万元。给予对这起事故负有直接责任的建设单位罚款 10 万元。

B. 给予本次事故的监理单位某总监代表员暂停职业资格一年并通报批评该监理公司。

C. 给予这次事故负有监管责任的项目办作深刻书面检查。

D. 对于本次事故的直接人王某存在操作不当，因死亡免于处罚。对现场带班班长给予 5 千元罚款，并做辞退处理。

4. 起重设备事故

（1）事故概况

2012年9月13日13时10分许，某市某项目建筑工地，发生一起施工升降机坠落造成19人死亡的重大建筑施工事故，直接经济损失约1800万元。

（2）事故简要经过

2012年9月13日11时30分许，升降机司机李某将某项目C7-1号楼施工升降机左侧吊笼停在下终端站，按往常一样锁上电锁拔出钥匙，关上护栏门后下班。当日13时10分许，李某仍在宿舍正常午休期间，提前到该楼顶楼施工的19名工人擅自将停在下终端站的C7-1号楼施工升降机左侧吊笼打开，携施工物件进入左侧吊笼，操作施工升降机上升。该吊笼运行至33层顶楼平台附近时突然倾翻，连同导轨架及顶部4节标准节一起坠落地面，造成吊笼内19人当场死亡。事故现场如图9-15和图9-16所示。

图9-15　事故现场一

事故施工升降机坠落的左侧吊笼，司机为李某。李某被派上岗前后未经正规培训，所持“建筑施工特种作业操作资格证”系伪造，为施工现场负责人易某和安全负责人易某某购买并发放。

（3）事故原因

1）直接原因

施工升降机行驶时作业人员无证上岗、违规操作且超载。

图 9-16　事故现场二

2）间接原因

现场管理混乱，安全生产责任制落实不到位，安全生产管理制度不健全、未落实，教育培训制度不执行，未建立安全隐患排查整治制度、作业人员无证上岗。

（4）事故教训

经事故调查组调查认定，该事故是一起生产安全责任事故。事故造成 19 人死亡，直接经济损失约 1800 万元。

（5）事故处理结果

司法机关已采取措施 7 人。建议移送司法机关 4 人。建议党纪、政纪处分 17 人。建议责成 4 名相关单位和主要负责人作出深刻检查。

其中，对周某等 19 名工人违规进入并非法操作事故施工升降机，导致升降机吊笼倾翻坠落，对事故发生负直接责任。鉴于上述 19 人在事故中死亡，建议不再追究刑事责任。另，杜某（施工升降机维修负责人）被以涉嫌重大责任事故罪予以批捕。

5. 坍塌事故

（1）事故概况

2014 年 12 月 29 日 8 时 20 分许，某中学体育馆及宿舍楼工程，工地作业人员在基坑内绑扎钢筋过程中，筏板基础钢筋体系失稳整体发生坍塌（如图 9-17 和图 9-18 所示），造成 10 人死亡、4 人受伤。

图 9-17　事故现场三

图 9-18　事故现场四

（2）事故简要经过

2014 年 12 月 28 日下午，劳务队长张某安排塔吊班组配合钢筋工向 3 标段上层钢筋网上方吊运钢筋物料，用于墙柱插筋和挂钩。经调看现场监控录像，共计吊运 24 捆钢筋物料，其中 12 月 28 日 17 时 58 分至 22 时 16 分，吊运 21 捆；12 月 29 日 7 时 27 分至 7 时 47 分，吊运 3 捆。

12 月 29 日 6 时 20 分，作业人员到达现场实施墙柱插筋和挂钩作业。7 时许，现场钢筋工发现已绑扎的钢筋柱与轴线位置不对应。张某接到报告后通知赵某和放线员去现场查看核实。8 时 10 分，经现场确认筏板钢筋体系整体位移约 10cm。随后，赵某让钢筋班长立即停止钢筋作业，通知信号工配合钢筋工将上层钢筋网上集中摆放的钢筋吊走，并调电焊工准备加固马凳。8 时 20 分许，筏板基础钢筋体系失稳整体发生坍塌，将在筏板基础钢筋体系内进行绑扎作业和安装排水管作业的人员挤压在上下层钢筋网之间，造成 10 人死亡、4 人受伤。事发时，上层钢筋整体向东侧位移并坍塌，坍塌面积 2000 余平方米。

（3）事故原因分析

1）直接原因

未按照方案要求堆放物料、制作和布置马凳，马凳与钢筋未形成完整的结构体系，致使基础底板钢筋整体坍塌，是导致事故发生的直接原因。

2）间接原因

施工现场管理缺失，技术交底缺失，安全培训教育不到位，劳务分包单位管理不到位。

（4）事故教训

本起事故是一起没有坚守“发展决不能以牺牲人的生命为代价”为红线的安全生产主体责任事故，事故造成 10 人死亡、4 人受伤。

（5）事故处理结果及法律的严惩

法院以重大责任事故罪分别判处杨某等 15 人 3～6 年不等有期徒刑。其中钢筋班长李某及钢筋组长李某均被判处有期徒刑 3 年。

十、特殊环境下安全施工

在特殊环境下，施工现场作业时的不安全因素增多，安全危害程度加大。此时，现场管理人员与作业工人应提高警惕，加强作业管理，严格遵循规章制度，避免因不利天气或不安全环境导致安全事故的发生。

（一）雨期安全施工

1. 雨期施工的概念与特点

（1）雨期施工：是指工程修建地存在季节性的且持续时间较长的多雨天气。

（2）雨期施工特点

雨期施工具有土方开挖难、现场排水要求高、道路硬化需求大、水泥和钢筋等材料难保管、伴随有雷电大风天气等特点。

2. 雨期施工准备工作

（1）合理安排施工工期。根据项目地季节性天气情况适当调整施工工期，尽量避开受雨期影响比较大的土方开挖、屋面防水施工等作业，遇较大的暴风雨天气应停止作业，所有的作业人员需撤到安全地方。

（2）做好现场排水。

1）雨期施工现场应处理好危石防止发生滑坡、塌方等灾害。

2）保证道路畅通，路面根据实际情况分别硬化或加铺砂砾、炉渣或其他材料，并按要求加高起拱。

3）原材料、成品、半成品的防护。对材料库全面定期检查，及时维修，做到四周排水良好，墙基坚固，不漏雨渗水，钢材等材料存放采取相应的防雨措施，确保材料的质量安全。临时生产区域的材料、构件应放在地势较高的地方，周围排水畅通，以防积水锈蚀。

4）严格按防汛要求设置连续、畅通的排水设施和应急物资，如水泵及相关的器材、塑料布、油毡等材料。

5）做好现场作业人员的雨衣、雨鞋等劳保用品的购置与发放工作。

6）加强与气象、防汛等建立防汛联动机制部门的联系，及时关注天气情况；加强值勤工作，现场管理人员和作业工人下雨时应认真巡查，发现安全隐患及时报告和处理，落实责任到人。

3. 雨期施工注意事项

（1）基础工程

1）土方开挖

①条形基础开挖时实行地面截水方法。在开挖基槽周围设挡水坝并挖排水沟排水，以拦截下雨时地表水进入基坑内，作好基坑防护，必要时用草袋护坡以防止流沙、滑坡。

②对于基坑开挖，在基坑底部周边设置排水沟及积水井用于降水和排水。

③雨期开挖基槽（坑）或管沟时，应注意边坡稳定。必要时可适当放缓边坡度或设置支撑。施工时应加强对边坡和支撑的检查控制；对于已开挖好的基槽（坑）或管沟要设置支撑；正在开挖的以放缓边坡为主辅以支撑；雨水影响较大时停止施工。

④为防止边坡被雨水冲塌，可在边坡上加钉钢丝网片，并抹上 50mm 细石混凝土；也可用塑料布遮盖边坡。

⑤雨期施工的工作面不宜过大，应分层、逐段、逐片的分期完成，雨量大时，应停止大面积的土方施工；基础挖到标高后，及时验收并浇筑混凝土垫层；如被雨水浸泡后的基础，应做必要的挖方回填等恢复基础承载力的工作；重要的或特殊工程应在雨期前完成任务。

2）回填土

回填土应严格控制含水率。雨后，施工前填土必须经甲方监理检验认可后方可进行回填。当土的含水量大于最优含水量的范围时，必须采取翻松、晾晒、风干等方法使含水量达到要求再回填夯实。必要时采取换土回填、均匀掺入干土或其他吸水材料等措施。回填按规范要求分层回填，每层回填土夯实后必须在监理的监督下取样送试验室检验，检验合格后方可进行下道工序。

（2）脚手架工程

1）六级以上大风、大雾、雷雨天气必须暂停搭拆脚手架及在脚手架上作业。坡道及作业面必须做好防滑措施。

2）脚手架必须有良好的防雷、避雷装置并有可靠的接地措施。金属脚手架要做好防漏电措施，脚手架与现场施工电缆（线）的交接处应用良好的绝缘介质隔离，并配以必要的漏电保护装置，或者重新布置现场施工电缆（线），避免与金属脚手架的交接。

3）外脚手架地基应平整夯实，立杆设垫板并穿铁靴。不得在未经处理的地面上直接搭设脚手架。

4）脚手架应设置足够的刚性拉结点，依靠建筑结构的整体刚度来加强和确保整个脚手架的稳定性。

5）雷雨大风天过后，需对脚手架基础、拉结点及架体进行全面检查，消除隐患后方可使用脚手架。适当添加与建筑物的连接杆件，这样可增强脚手架的整体性与抗倾覆的能力，增加稳固性。

6）脚手架上的马道等要供人通行的地方应做好防滑与防跌措施，如及时更换表面不定期于光滑的踏板、在通道两边加装防护网等。

7）雨期不宜在脚手架上进行过多施工，工作面不能铺得过大，要控制脚手架上的人员、构件及其他建筑材料的数量，在脚手架上的动作不宜过于激烈。

8）雨期施工用的脚手架要定期进行安全检查，对施工脚手架周围的排水设施要认真地清理和修复，确保排水有效、不冲不淹、不陷不沉，发现问题及时处理。

（3）临时用电安全措施

1）雨期期间应定期、定人检查临电设施的绝缘状况，检查电源线是否有破损现象，发现问题及时处理。

2）现场临时供电线中采用三相五线制配线，机电设备闸箱、灯具、设有防雨淋设施。所有机电设备必须设单一开关，严禁一闸多用，并安装漏电保护器，停工时应拉闸停电，闸箱应加锁，在使用前，应检查和测试。

3）配电箱内必须安装合格的漏电保护装置，及时检查漏电保护装置的灵敏性，并随时关好电箱门。

4）从事电气作业人员必须持证上岗，佩戴好劳动保护用品，并应两人同时作业，一人作业，一人监护。

5）电气焊时，先检查线路，潮湿部位是否漏电，并采取防触电、漏电的措施。

（4）防雷措施

1）大风雷雨天气，施工层上钢筋工程应停止作业，防止雷电伤人。

2）塔吊必须有有效的避雷设施，完好的接地设施，接地电阻值不得大于 4Ω。

3）塔吊除按照操作规程执行外，应定期进行避雷测试。行走式塔式起重机停机应锁紧夹轨器，防止大风和暴雨时滑行，发生意外事故。避免在雷电天气使用，防止雷电伤人。

4）各类电气设备及配电设备等要按规定做好接地、接零保护，安装漏电开关。高低压不能混用，须做防雷的应做可靠的防雷措施。

（二）冬期安全施工

1. 冬期施工的定义

（1）冬期施工：是指室外日平均气温连续 5d 稳定低于 5℃时需按冬期施工采取措施。当室外气温低于 0℃时，应即采取冬期施工措施。

（2）冬期施工特点

1）冬期施工施工条件差、环境恶劣、事故隐患多，导致成为安全事故高发季节。

2）隐蔽性、滞后性。即施工在冬期进行，但是质量安全问题大多数在春季开始才暴露出来，因而给事故处理带来很大的难度，不仅给工程带来损失，而且影响工程使用寿命。

3）冬期施工的计划性和准备工作时间性强。由于冬期施工准备工作时间短，容易仓促施工造成质量与安全事故。

4）冬期施工技术要求高，能源消耗多，施工费用要增加。

2. 冬期施工准备工作

（1）加强人员安全教育，结合冬期施工特点重点加强登高作业、施工用电、消防防火等重点安全教育工作。

（2）当工地昼夜平均气温（每日定时监测平均值）低于＋5℃或最低气温低于－3℃时，混凝土工程按冬期施工处理。

（3）开工前做好与当地气象部门的联系，及时掌握天气预报的气象变化趋势及动态，以利于安排施工，做好预防准备工作。

（4）做好技术准备工作，进入冬期施工前，要由工地技术人员向有关班组作一次冬期施工作业的技术交底。根据本工程施工的具体情况，确定冬期施工需要采取防护的具体工程项目或工作内容，重要部位施工时要针对工程的特殊情况做好冬期施工措施和安全施工技术交底。

（5）施工机械加强冬期保养，对加水、加油润滑部件勤检查，勤更换，防止冻裂设备。现场加热设备、机械、水电设施要加强维修与保养，临时水管、阀门要采取保温措施。

（6）检查职工住房及仓库是否达到过冬条件，及时按照冬期施工保护措施准备好加温及取暖器件。当采用煤炉和暖棚施工时，作好防火、防煤气中毒措施，棚内必须有通风口，保证通风良好，并准备好各种抢救设备。

（7）在进入冬期前施工现场提前作好防寒保暖工作，对人行道路、脚手架上跳板和作业场所采取防滑措施。

3. 冬期施工的安全事项

（1）冬期施工用电安全

触电事故是施工中最为常见的事故之一，此类事故往往是因为人的疏忽和违章操作造成的。冬期用电较平常额外要多一些，加之恶劣天气对电力线路也有一定的影响，所以在冬期施工中，用电安全必须牢记于心。

电线、灯头插座及用电设备的安装必须有专业电工进行，严禁私自乱拉乱接线路。禁止电线乱搭乱挂和在电线上晾晒衣服（如图 10-1 所示）。施工现场用电器设备必须严格按照“一机一闸一漏一箱”制度进行使用，禁止“一闸多用”（如图 10-2 所示），并且电箱门应该随时上锁。

图 10-1　禁止电线上晾晒衣服

图 10-2　一个插头带两个电气设备且无漏电保护器控制

1）冬期施工来临前，电工应对施工现场所有机械设备及电缆进行一次全面检测、保养，发现机械电气故障立即排除。大风降雨降雪天气，认真检查现场临时用电设施，检查电路、配电箱等是否安全可靠，如有变形、漏电等隐患时，做到及时修理、加固，有严重隐患时应立即停止生产，马上安排解决，确保用电安全。

2）严禁使用裸线，电缆线破皮的不得投入使用。禁止将电缆线与导电体接触（如图 10-3 所示）。

图 10-3 电缆与钢筋直接接触且未套管

3）电动工具应使用经专业电工检查合格的，发现电动工具的外壳、手柄破裂，电源线破损，插头有损坏时不得使用。电焊作业应设置专用接地线路。

4）使用电动工具前，应先检查电源是否有漏电保护器。不得拆除或更换电动工具的原有插头，严禁不使用插头而将电缆金属丝直接插入电源插座。长期不使用和受潮的电动工具在使用前，应先让专业电工测量绝缘电阻是否符合要求。

5）加强冬期施工的用电管理，电工每天检查漏电开关的性能，有异常时及时更换，并做好用电档案技术记录。

6）配电箱、开关箱周围要留出足够 2 人同时操作的空间和通道，不得堆放任何杂物。凡是电气方面的机械设备，包括移动电源或拆卸用电设备，必须由电工进行操作。各类用电人员所使用的设备停止工作时，必须将开关箱内开关分闸断电，并将开关箱锁好（如图 10-4 所示）。

图 10-4　作业结束开关箱上锁

（2）防冻、防滑安全

1）露天作业必须对爬梯、护栏扶手、作业平台及潮湿易冻的主要路面做好防滑工作。

2）施工用水要严格进行规范排放，严禁积水。现场禁止随意排水，以防结冰，滑倒员工。

3）冬期施工道路易冻处，禁止洒水。

4）提前做好施工所需的消防设施及防冻、防滑物资储备。

5）由于天气寒冷，人的感知能力和动作反应相对迟缓，这就要求作业人员严格按照操作规程进行作业，佩戴好安全防护用品。

（3）冬期消防安全

由于冬期气温较低，人员在取暖的过程中及生产中的恒温过程容易产生许多火灾事故安全隐患，加之冬期气候干燥，容易引发火灾。所以冬期施工过程中必须高度重视消防安全。

1）宿舍消防管理

①严防电器火灾发生，宿舍严禁使用电炉子，热得快及其他大功率电器。电褥子使用后应及时断电，禁止使用自制的电褥子。

②宿舍内电线由电工安装完毕后，禁止私自乱拉乱接。

③宿舍内不准明火取暖，严禁卧床吸烟。

2）材料仓库消防管理

①材料仓库的安全防火由材料仓库负责人全面负责。

②进入仓库的易燃物品要按类存放，并挂设好警示牌和灭火器。

③易燃易爆物的存放及使用由专人进行管理，并采取防火措施。易燃易爆物资存放区附近严禁吸烟及动火。

④各种气瓶是危险品，存放时要距离明火 10m 以外。乙炔瓶和氧气瓶之间的存放距离不得少于 5m，并且不能倒放。

3）施工现场消防管理

①施工现场明确划分用火作业、易燃材料堆场、仓库、易燃废品集中站和生活区等区域。

②施工现场备足消防器材，并指定专人维护、管理、更换和保管，保证消防器材齐全和有效。存放消防器材处设明显标识，所有消防器材不得随意挪用。

③加强施工现场用电管理，防止发生电气火灾，电气设备使用完后要确认电源已切断。

④施工现场严禁明火取暖，明火作业时，必须有动火许可证。动火许可证只限本人在规定地点，规定时间使用。

⑤明火作业必须派专人看火，作业完毕离开现场前，用火人员要确认用火已熄灭，周围已无隐患。

⑥高空焊接时，下方严禁堆放易燃易爆物品。

4）高空作业安全

①落实防滑安全措施，及时清理作业面及施工道路的积雪，以防作业或行走时不小心跌倒造成事故。

②高处作业要穿紧口工作服，防滑鞋，戴安全帽（如图10-5所示），系安全带；遇到大雾、大雨和六级以上大风时，要停止高处作业。

③必须从通道上下，不得攀爬脚手架杆件，不要站在钢筋管架上、模板及支撑上作业，在脚手架上作业或行走要注意脚下探头板。

④作业人员作业时不得嬉戏打闹，以免失足发生坠落事故。上下梯时，要面对梯子，双手扶牢，不要持物件攀登，扶梯必须

图 10-5　未佩戴安全帽

稳定牢固。

⑤高处作业严禁投接物料，以免身体重心不稳，从高处坠落。

（三）高温安全施工

1. 高温施工的概念与特点

高温施工是指县级以上气象主管机构所属气象台站发布的日最高气温达到35℃以上的天气进行现场室外施工的行为。

2. 高温施工准备工作

（1）成立施工紧急情况应急领导小组，负责应急救援工作的指挥、协调工作。一般由项目经理担任领导小组组长。

（2）加强高温作业安全教育，包括中暑、中毒等症状的判断与处理。

（3）夏季高温到来之前，组织有关人员按照方案要求进行技术交底，提出夏季高温计划，为施工提供技术准备。

（4）及时调整炎热季节的上下班时间，合理安排作息时间。

（5）保证干净卫生的茶水供应（如图 10-6 所示）和提供按劳动规定应享受的待遇。

图 10-6　茶水供应处

（6）食堂饮食要卫生，保证工作人员健康。

（7）浇筑混凝土之前，一定要将模板浇水湿透。

（8）浇筑好的混凝土养护工作要得到高度重视，要在混凝土初凝后，及时得到养护，用草包覆盖，并浇水养护，避免混凝土表面水分蒸发过快，使混凝土表面发生开裂。

（9）根据气候气温情况，及时配合做好混凝土配合比和坍落度的调整工作，满足施工要求和质量标准。

（10）做好防暑降温工作，项目部需足够配备感冒药、发烧药、腹泻药、消炎药等治疗药品及仁丹、十滴水、正气水、菊花茶、降火凉茶、绿色保健食品等。

3. 高温施工的安全事项

（1）防暑降温。在高温天气期间作业时应当根据实际情况科学调整作息时间，采取防暑降温措施：

1）日最高气温达到40℃及以上（如图10-7所示），应当停止当日室外露天作业。日最高气温达到37℃及以上、40℃以下时，安排室外露天作业时间累计不得超过6小时，并在12时至15时不得安排室外露天作业。日最高气温达到35℃及以上、37℃以下时，应采取换班轮休等方式，缩短员工连续作业时间，并且不得安排室外露天作业劳动者加班。

2）夏季室外露天高温作业，作业现场应搭设遮阳凉棚供员工短时间休息，以减少太阳辐射。要保证作业现场饮水供应，提供足够的符合卫生要求的饮用水、茶、绿豆汤等防暑降温饮品（如图10-8所示），施工现场有必备的防止中暑药物（如人丹、藿香正气水等），在高温时段及时调整作息时间，避开中午的高温天气施工，施工人员要有休息时间，防止高温疲劳，并有中暑救助措施。要求作业人员随身携带人丹、清凉油、风油精、十滴水等防暑药品，以避免发生中暑事故。

图10-7　高温示意图

图10-8　防暑降温用品图

3）积极改善施工现场生产生活环境，采取措施，加强通风降温，确保员工宿舍、食堂、淋浴间等设施满足防暑降温需要，宿舍、食堂等必须安装电风扇，有条件的单位，宿舍可安装空调，使员工在高温期间得到良好的休息。

（2）防汛防洪。各单位要密切关注气象预报，成立防汛抗洪领导小组，落实安全责任，认真做好施工现场防汛抗洪工作，加强安全防范工作，暴雨来临时，立即停止施工作业，人员及时撤离危险地带。对可能发生的险情、事故等，要提前做好思想准备，认真落实应急救援措施，努力将损失降低到最低程度。在暴雨等灾害性天气来临时，要有专人 24 小时值班，一有险情及时上报，并立即组织抢险。对各临时房、临时设施要有加固措施，防止突发性天气带来的严重影响，从而发生安全事故。

（3）防有毒有害气体。因天气高温，极易产生有毒、有害气体，特别是深基坑、临时房内煤气、密闭环境内的电焊作业等。现场要做好预测、检查工作，施工并确保具有良好的通风条件，必要时采取生物试验法，试探是否存在高浓度有毒有害气体，防止中毒事故的发生。

（4）防食物中毒。天气高温，食物极易腐烂变质，产生有毒物质，各项目部食堂要严把食物采购、存放的检查关，生熟分开，熟食要备取食物样品，留存 24 小时备查，食堂内卫生状况必须符合现场环境卫生标准要求，加强对饮用水、食品的安全管理，做好防虫、防蝇、防鼠工作；严格执行各项管理制度，避免食品变质引发食物中毒事件。

（5）施工用电。夏季天气炎热，人们穿着单薄且皮肤多汗，相应地增加了触电的危险，另因雨季高温、潮湿多雨，电气设备的绝缘性能有所降低，极易产生电器的触电事故。为此要多检查用电线路、设备，并有记录，对凌空架设的施工用电线路、三级保护设施、电线杆的牢固程度、线路的安全高度、电线破损度都要进行认真检查，对不符合要求的立即进行整改；开关箱要做到施工完毕专人拉闸断电，关门上锁，确保用电安全；电器设备要安全可靠，漏电保护灵敏，雨季要注意检查现场电气设备的接零、接地保护措施是否牢靠，要做到施工机械一机、一闸、一漏、要经常检查漏电保护器是否好用，临时照明也要加装漏电保护器，各种露天使用的电气设备、和配电箱的防雨措施必须落实到位。

（6）预防火灾。做好夏季防火工作，针对夏季炎热，气候干燥，火灾事故易于发生的实际情况，对配电设施、仓库等易燃场所进行定期检查，加强预防火灾措施，发现问题及时处理，同时按规定配备灭火器材。天气高温、干燥，对临时搭设的住房、工棚、食堂、动力照明等，都要严格制度，防止因点蚊香、燃煤气、吸烟、动用明火等引起火灾事故；高温天气禁止氧气乙炔瓶在露天作业时暴晒于阳光下，防止因气瓶温度过高而引发爆炸事故。在施工过程中，电焊已经成为施工的经常性操作。由于电焊火花高温，且容易发生火灾，施工时要注意防火安全。

（7）防溺水。施工一线工人，因天气炎热，会到施工现场附近的江河里洗澡（如图 10-9 所示），从而产生溺水事故，各单位要严格管理工作，提供良好洗澡条件，宣讲工地规定，防止此类事故发生。

图 10-9　水深危险、禁止靠近

（8）防止酒后作业。严厉禁止酒后上岗，夏季天气炎热，饮酒后血液吸收酒精速度加快，麻痹大脑，导致酒后对外界事故的感知力、判断力及综合分析能力下降，眼睛视野范围缩小，反应迟钝，操纵准确性差，极易导致安全事故。为此项目必须对高处作业人员、机械设备驾驶人员进行重点监控。

（9）其他安全注意事项。

1）在夏季施工中，各单位要对有关人员进行职业健康体检，对患有心、肺、血管性疾病、持久性高血压、糖尿病、肺结核、中枢神经系统疾病等身体状况不适合高温作业的员工，以及未成年、孕期、哺乳期、年龄较大、体质较差的员工，必须调整其工作地点或工作岗位，从事其他适宜的工作。

2）夏季施工作业人员必须穿戴好个人防护用品（绝缘手套、绝缘鞋、安全带、安全帽）这些东西一般都是比较厚实的。天气炎热佩戴这些东西会让人觉得更热，于是一些工人在工作过程中放弃了穿戴，一旦危险来临连最基本的防护都没有了，使得原本不是伤害很大的事故变得比较严重。为了保护施工人员在施工过程中的人身安全，施工人员必须穿戴个人防护用品，佩戴好安全帽，高处作业时系好安全带。

3）作息时间未及时根据夏季作业时间进行调整，造成部分工人注意力不集中，存在睡岗的现象，班中睡岗多发生在班组夜间生产或者值班过程中，由睡岗引发的安全事故较多，为此要督促作业人员合理科学的安排休息时间，有效防止因睡岗出现的安全事故。

4）自然灾害的预防，本季节为夏季，高温、多雷暴雨是这一季节的气候特点，要切实做好防雷，防雨工作，雷雨天气禁止在高处作业。脚手架工程、塔式起重机、龙门吊、搅拌机、脚手架工程、塔式起重机、楼门架、搅拌机等一定要注意做好基础排水工作，保证基础排水畅通，无积水。大雨后，要及时检查脚手架工程、塔式起重机、楼门架、搅拌机的基础是否变形，一旦发现变形应立即停止施工采取措施整改，楼门架、塔式起重机钢丝绳要经常检修一旦发现钢丝绳有毛刺、断股、摽劲的应立即更换。经项目经理、安全员、技术负责人验收合格后方可施工。

习　题

（一）判断题

1.［初级］在生产过程中，事故是仅指造成人员死亡、伤害，但不包括财产损失或者其他损失的意外事件。

【答案】错误

【解析】事故是指造成死亡、伤害、疾病、损坏或者其他损失的意外事件，是发生在人们的生产、生活活动中，突然发生的、违背人们意志的负面事件。

2.［初级］施工过程中一般技术工人可以与特种作业人员闲谈聊天，并交换工作岗位。

【答案】错误

【解析】施工过程中一般技术工人不得与特种作业人员闲谈聊天，不得擅离交换工作岗位，要严格遵守劳动纪律和操作规程，特种作业人员要积极配合一般技术工人做好安全施工工作。

3.［初级］高处作业材料和工具等物件不得上抛下掷。

【答案】正确

4.［初级］安全生产责任制度是建筑施工企业所有安全规章制度的核心。

【答案】正确

5.［初级］作业人员进入新的施工现场前，施工单位可以不开展有针对性的安全生产教育培训。

【答案】错误

【解析】作业人员进入新的施工现场前，施工单位必须根据新的施工作业特点组织开展有针对性的安全生产教育培训，使作业人员熟悉项目的安全生产规章制度，了解工程项目特点和安全生产应注意的事项。

6. ［初级］在施工中发生危及人身安全的紧急情况时，有权立即停止作业或在采取必要的应急措施后撤离危险区域。

【答案】正确

7. ［初级］处于无可靠安全防护设施进行高处作业时，可以不系安全带。

【答案】错误

【解析】处于无可靠安全防护设施进行高处作业时，必须系安全带。

8. ［初级］安全帽的下颌带必须扣在颏下，并系牢，松紧要适度，以防帽子滑落、碰掉。

【答案】正确

9. ［初级］安全帽可以使用有机溶剂清洗、擅自改装钻孔、涂上或喷上油漆。

【答案】错误

【解析】安全帽不得使用有机溶剂清洗、擅自改装钻孔、涂上或喷上油漆、有损坏时仍然使用、抛掷或敲打、不得在安全帽内再佩戴其他帽子。

10. ［初级］塑料安全帽的有效期限为三年半。

【答案】错误

【解析】不同材质的安全帽有效期不同，植物枝条编织的安全帽有效期为 2 年，塑料安全帽的有效期限为两年半，玻璃钢（包括维纶钢）和胶质安全帽的有效期限为三年半，超过有效期的安全帽应报废。

11. ［初级］安全带应高挂低用，防止摆动和碰撞；安全带上的各种部件不得任意拆掉。

【答案】正确

12. ［初级］绝缘手套要根据电压等级选用，使用前应检查表面有无裂痕、发黏、发脆等缺陷，如有异常可以选择使用。

【答案】错误

【解析】绝缘手套要根据电压等级选用，使用前应检查表面有无裂痕、发黏、发脆等缺陷，如有异常应禁止使用。

13. ［中级］警告标志是提醒人们对周围环境引起注意，以避免可能发生危险的图形标志。

【答案】正确

14. ［初级］安全标志是用以表达特定安全信息的标志，由图形符号、安全色、几何形状（边框）或文字构成。

【答案】正确

15. ［初级］安全标识可以设在门、窗、架等可移动的物体上。

【答案】错误

【解析】安全标识不应设在门、窗、架等可移动的物体上，以免标志牌随母体物体相应移动，影响认读。

16. ［中级］安全色是传递安全信息含义的颜色，包括红、蓝、黄、绿、黑、白六种颜色。

【答案】错误

【解析】安全色是传递安全信息含义的颜色，包括红、蓝、黄、绿四种颜色，对比色是使安全色更加醒目的反衬色，包括黑、白两种颜色。

17. ［高级］蓝色传递必须遵守规定的指令性信息，对比色为黑色。

【答案】错误

【解析】蓝色传递必须遵守规定的指令性信息，对比色为白色。

18. ［初级］坠落高度基准面 2m 及以上进行临边作业时，不需要在临空一侧设置防护栏杆。

【答案】错误

【解析】坠落高度基准面 2m 及以上进行临边作业时，应在临空一侧设置防护栏杆，并应采用密目式安全立网或工具式栏板封闭。

19. ［初级］对需临时拆除或变动的安全防护设施，根据施工需要可以改动。

【答案】错误

【解析】对需临时拆除或变动的安全防护设施，应采取可靠措施，作业后应立即恢复。

20. ［中级］当安装屋架时，应在屋脊处设置扶梯。扶梯踏步间距不应大于400mm。屋架杆件安装时搭设的操作平台，应设置防护栏杆或使用作业人员拴挂安全带的安全绳。

【答案】正确

21. ［中级］加强建筑施工现场人员消防“四个能力”的培养，督促掌握“一懂三会”中的“三会”指的是会报警、会灭火、会逃生。

【答案】正确

22. ［初级］建筑施工现场应当成立以项目安全员为组长、各部门参加的消防安全领导小组，建立健全消防制度，组织开展消防安全检查，一旦发生火灾事故，负责指挥、协调、调度扑救工作。

【答案】错误

【解析】建筑施工现场应当成立以项目负责人为组长、各部门参加的消防安全领导小组，建立健全消防制度，组织开展消防安全检查，一旦发生火灾事故，负责指挥、协调、调度扑救工作。

23. ［初级］建筑施工现场消防安全技术交底不包括逃生方法及路线。

【答案】错误

【解析】建筑施工现场消防安全技术交底包括：施工过程中可能发生火灾的部位或环节、应采取的防火措施及应配备的临时消防设施、初起火灾的扑救方法及注意事项、逃生方法及路线等。

24. ［高级］在易燃易爆和有毒气体的室内动火作业时，先进行封闭禁止通风和空气流动。

【答案】错误

【解析】加强通风，在易燃易爆和有毒气体的室内动火作业时，先进行通风。

25. ［中级］遇到火灾不可乘坐电梯或扶梯。

【答案】正确

26. ［中级］TN-S 接零保护系统中，N 线的颜色是红色的。

【答案】错误

【解析】TN-S 接零保护系统中，N 线的颜色是淡蓝色的。

27. ［中级］根据在建工程（含脚手架）的周边与架空线路的边线之间的最小安全操作距离规定，当外电线路电压等级为 5kV 时，最小安全操作距离 5m。

【答案】错误

【解析】下表在建工程（含脚手架）的周边与架空线路的边线之间的最小安全操作距离。

外电线路电压等级（kV）	<1	1～10	35～110	220	330～500
最小安全操作距离（m）	4.0	6.0	8.0	10	15

28. ［初级］重复接地是指为增强接地保护系统接地的作用和效果，并提高其可靠性，在其接地线的另一处或多处再作接地。

【答案】正确

29. ［初级］人防潮湿施工现场的电气设备必须采用保护接零。

【答案】正确

30. ［高级］某生产经营单位组织急救知识专题，培训教师模拟事故现场有伤员小腿动脉出血，采用止血带止血时，止血带应扎在大腿中上 1/3 处。

【答案】错误

【解析】止血带应扎在大腿中下 1/3 处。

31. ［初级］某公司职工赵某在工作期间摔倒造成小腿骨折及多处软组织摔伤，治疗和休息 100 天后，经复查能恢复工作，依据现行国家规范《企业职工伤亡事故分类》GB 6441，赵某伤害程度为轻伤。

【答案】正确

【解析】按伤害程度分类为：1. 轻伤，指损失 1 个工作日至 105 个工作日以下的失能伤害。2. 重伤，指损失工作日等于和超过 105 个工作日的失能伤害，重伤的损失工作日最多不超过 6000 工日。3. 死亡，指损失工作日超过 6000 工日，这是根据我国职工的平均退休年龄和平均计算出来的。

32. ［中级］建筑施工“三宝四口”中的四口指预留口、通道口、楼梯口、电梯口。

【答案】正确

33. ［中级］灾害事故发生后，应避免慌乱，尽可能缩短伤后至抢救的时间，要善于应用现有的先进科技手段，体现“立体救护、快速反应”的救护原则，提高救护的成功率。

【答案】正确

34. ［初级］现场紧急救护的步骤是：止血、固定、包扎、救护。

【答案】错误

【解析】现场紧急救护的步骤是止血、包扎、固定、救护。

35. ［高级］应急救护处理伤员时，首先处理危及生命的急症和重伤员，然后处理轻伤员。即先急后重、先重后轻，在急救人员少、伤病员多的情况下，要对那些经过应急救护才能存活的伤员优先抢救。

【答案】正确

36. ［初级］施工现场应按照《建筑施工场界环境噪声排放标准》GB 12523—2011 的规定制定降噪措施。

【答案】正确

37. ［中级］施工现场废水可直接排入市政污水管网和河流。

【答案】错误

【解析】施工现场应设置排水沟和沉淀池，现场废水不得直接排入市政污水管网和河流。

38. ［中级］施工现场大型照明灯应将直射光线射入空中。

【答案】错误

【解析】施工现场大型照明灯应采用俯视角度，不应将直射光线射入空中。

39. ［初级］施工车辆运输砂石应在指定地点倾卸。

【答案】正确

40. ［初级］架空线可不设在专用电杆上，但是严禁架设在树木、脚手架等导电体上。

【答案】错误

【解析】架空线设在专用电杆上，严禁架设在树木、脚手架上。

41. ［中级］高处坠落，是指在高处作业中发生坠落造成的伤亡事故，不包括触电坠落事故。

【答案】正确

【解析】触电坠落是触电事故，不属于高处坠落。

42. ［中级］安全三宝指的是“安全帽、安全带、安全网”。

【答案】正确

43. ［中级］施工单位负责人接到事故报告后，应当向事故发生地县级以上党的组织报告。

【答案】错误

【解析】施工单位负责人接到报告后，应当向事故发生地县级以上人民政府建设主管部门和有关部门报告。

44. ［初级］医疗急救电话120。

【答案】正确

45. ［高级］事故报告应当及时、准确、完整，任何单位对事故不得迟报、漏报、谎报或者瞒报，特殊情况除外。

【答案】错误

【解析】事故报告应当及时、准确、完整，任何单位和个人对事故不得迟报、漏报、谎报或者瞒报。

46. ［初级］雨期施工现场应处理好危石防止发生滑坡、塌方等灾害。

【答案】正确

47. ［中级］雨期施工的工作面不宜过大，应分层、逐段、逐片的分期完成，雨量大时，应停止大面积的土方施工。

【答案】错误

【解析】雨期施工的工作面不宜过大，应分层、逐段、逐片的分期完成，但是雨量大时，应加快大面积的土方施工。

48. ［中级］大风雷雨天气，施工层上钢筋工程应停止作业，防止雷电伤人。

【答案】正确

49. ［高级］冬期施工是指日平均气温连续 5 天稳定低于 5℃时需按冬期施工采取措施。

【答案】错误

【解析】冬期施工是指室外日平均气温连续 5 天稳定低于 5℃时需按冬期施工采取措施。

50. ［高级］冬期施工期间，露天作业必须对爬梯、护栏扶手、作业平台及潮湿易冻的主要路面做好保温工作。

【答案】错误

【解析】冬期施工期间，露天作业必须对爬梯、护栏扶手、作业平台及潮湿易冻的主要路面做好防滑工作。

（二）单选题

1. ［初级］我国安全生产管理方针是(　　)

A. 以人为本、安全第一、预防为主

B. 安全第一、预防为主、政府监管

C. 安全第一、预防为主、综合治理

D. 安全第一、预防为主、群防群治

【答案】C

【解析】我国的安全生产工作方针是“安全第一、预防为主、综合治理”。

2. ［初级］安全生产工作应当坚持“三同时”原则，即生产经营单位新建、改建、扩建工程项目的安全设施，必须与主体工程（　　）。

A. 同时规划、同时设计 、同时施工

B. 同时设计、同时施工、同时完工

C. 同时立项、同时施工、同时完工

D. 同时设计、同时施工、同时投入生产和使用

【答案】D

【解析】《安全生产法》规定：生产经营单位新建、改建、扩建工程项目的安全设施，必须与主体工程同时设计、同时施工、同时投入生产和使用。安全设施投资应当纳入建设项目概算。

3. ［初级］加强对生产现场监督检查，严格查处（　　）的“三违”行为。

A. 违章指挥、违规作业、违反劳动纪律

B. 违章生产、违章指挥、违反劳动纪律

C. 违章作业、违章指挥、违反操作规程

D. 违章指挥、违章生产、违规作业

【答案】A

【解析】“三违”行为指的是违章指挥、违规作业、违反劳动纪律

4. ［中级］（　　）必须接受专门的培训，经考试合格取得特种作业操作资格证书的，方可上岗作业。

A. 岗位工人　　B. 班组长

C. 特种作业人员　　D. 安全员

【答案】C

【解析】建筑施工特种作业人员必须经建设主管部门考核合

格，取得建筑施工特种作业人员操作资格证书后，方可上岗从事相应作业。

5.［中级］下列属于班组安全生产教育主要内容的是（　　）。

A. 从业人员安全生产权利

B. 岗位安全操作规程

C. 企业安全生产规章制度

D. 国家有关安全生产方面的法律法规

【答案】B

【解析】班组安全生产教育主要内容包括：班组作业特点及安全操作规程；班组安全活动制度及纪律；正确使用安全防护装置（设施）及个人劳动用品；本工种易发生事故的不安全因素及其防范对策；本工种的作业环境及使用的机械设备、工具的安全要求；本工种易发生事故的自救、排险、抢救伤员、保护现场和及时上报等应急措施。

6.［初级］《建筑法》第四十八条规定：“（　　）应当依法为从事危险作业的职工办理意外伤害保险，支付保险费。”

A. 建设单位　　B. 监理企业

C. 建筑施工企业　　D. 建设行政主管部门

【答案】C

【解析】《建筑法》第四十八条规定：“建筑施工企业应当依法为职工参加工伤保险缴纳工伤保险费。鼓励企业为从事危险作业的职工办理意外伤害保险，支付保险费”

7.［初级］依照《安全生产法》规定，从业人员应履行（　　）义务。

A. 遵守操作规程，服从管理，正确佩戴和使用劳动防护用品

B. 忠于职守，坚持原则，秉公执法，对违法行为查处

C. 坚持安全生产检查，及时消除事故隐患

D. 确保安全生产经费投入

【答案】A

【解析】《安全生产法》第五十四条规定："从业人员在作业过程中，应当严格遵守本单位的安全生产规章制度和操作规程，服从管理，正确佩戴和使用劳动防护用品。"

8. ［初级］生产经营单位不得采购和使用无(　　)的特种劳动防护用品。

A. 安全标志　　　　B. 安全警示

C. 许可标志　　　　D. 制造标准

【答案】A

【解析】《劳动防护用品监督管理规定》第十八条规定："生产经营单位不得采购和使用无安全标志的特种劳动防护用品。"

9. ［中级］操作机械时，工人要穿"三紧"式工作服，"三紧"是指(　　)紧、领口紧和下摆紧。

A. 袖口　　　　B. 裤口

C. 裤腿　　　　D. 鞋带

【答案】A

【解析】用于保护作业者免受环境有害因素的伤害。穿戴要诀为"三紧"即"领口紧，袖口紧，下摆紧"。

10. ［初级］为了(　　)，应当使用安全帽。

A. 防止物体碰击头部　B. 防止头发被机器绞缠

C. 防止脸被碰伤　　　D. 太阳光照射

【答案】A

【解析】安全帽是为防御头部不受外来物体打击和其他因素危害而采取的个人防护用品。

11. ［初级］安全带应(　　)。

A. 将绳打结后使用

B. 高挂低用

C. 将挂钩直接挂在安全绳上使用

D. 随身携带

【答案】B

【解析】悬挂安全带应高挂低用，不得低挂高用；不得将绳打结使用，也不得将钩直接挂在安全绳上使用。

12.［初级］在进行焊割作业时，应佩戴（　　）个人防护用具。

A. 镶有护目镜片的面罩

B. 安全帽

C. 自救呼吸器

D. 平光眼镜

【答案】A

【解析】从事焊接作业，操作人员必须穿阻燃防护服、电绝缘鞋、鞋盖，戴绝缘手套和焊接防护面罩、防护眼镜等劳动防护用品。

13.［中级］架子工在高处作业中，（　　）说法是不正确的。

A. 要穿底面钉铁件的鞋

B. 穿防滑工作鞋

C. 系安全带

D. 戴工作手套

【答案】A

【解析】从事脚手架作业，操作人员必须穿灵便、紧口工作服、系带的高腰布面胶底防滑鞋，戴工作手套，高处作业时，必须系安全带。

14.［初级］企业员工使用的个人防护用品应该由（　　）提供。

A. 员工　　B. 企业

C. 主管部门　　D. 社会救援组织

【答案】B

【解析】劳动保护用品的发放和管理，坚持“谁用工，谁负责”的原则。施工作业人员所在企业必须按国家规定免费发放劳动保护用品，更换已损坏或已到使用期限的劳动保护用品，不得收取或变相收取任何费用。

15. ［初级］对特定工种的劳动防护用品发放和使用规定，叙述正确的是（　　）。

A. 发放安全防护用品时可以收取一定的费用

B. 对特种防护用品建立定期检验制度，不合格的、失效的一律不准使用

C. 劳动防护用品可折算成人民币发放

D. 劳动防护用品可视个人需要转卖

【答案】B

【解析】安全防护用品的发放和管理，坚持“谁用工谁负责”的原则。施工作业人员所在施工单位必须按国家规定免费发放安全防护用品，更换已损坏或已到使用期限的安全防护用品，不得收取或变相收取任何费用。安全防护用品必须以实物形式发放，不得以货币或其他物品替代。

16. ［中级］（　　）是强制人们必须做出某种动作或采用防范措施的图形标志。

A. 禁止标志　　B. 警告标志

C. 指令标志　　D. 提示标志

【答案】C

【解析】指令标志的定义是强制人们必须做出某种动作或采用防范措施的图形标志。

17. ［初级］（　　）基本形式是带斜杠的圆边框，其中圆环与斜杠相连用红色、图形符号用黑色、背景用白色。

A. 禁止标志　　B. 警告标志

C. 指令标志　　D. 提示标志

【答案】A

【解析】禁止标志的基本形式是带斜杠的圆边框，其中圆环与斜杠相连用红色、图形符号用黑色、背景用白色。

18. ［中级］安全色中（　　），传递必须遵守规定的指令性信息。

A. 红色　　B. 蓝色

C. 黄色　　　　　　　　D. 绿色

【答案】B

【解析】蓝色传递必须遵守规定的指令性信息。

19. [高级] 标志牌设置的高度，应尽量与人眼的视线高度相一致。悬挂式和柱式的环境信息标志牌的下缘距地面的高度不宜小于(　　) m。

A. 1.5　　　　　　　　B. 1.8

C. 2　　　　　　　　D. 2.2

【答案】C

【解析】标志牌设置的高度，应尽量与人眼的视线高度相一致。悬挂式和柱式的环境信息标志牌的下缘距地面的高度不宜小于2m。

20. [高级] 安全色与对比色的相间条纹中，(　　)表示指令的安全标记，传递必须遵守规定的指令性信息。

A. 红色与白色相间条纹

B. 绿色与白色相间条纹

C. 黄色与黑色相间条纹

D. 蓝色与白色相间条纹

【答案】D

【解析】安全色与对比色的相间条纹中，蓝色与白色相间条纹表示指令的安全标记，传递必须遵守规定的指令性信息。

21. [初级] 多个标志牌在一起设置时，应按(　　)类型的顺序，先左后右、先上后下地排列。

A. 禁止、警告、指令、提示

B. 指示、警告、禁止、指令

C. 警告、禁止、指令、提示

D. 指示、指令、禁止、警告

【答案】C

【解析】多个标志牌在一起设置时，应按警告、禁止、指令、提示类型的顺序，先左后右、先上后下地排列。

22. ［初级］高处作业是指在坠落高度基准面（　　）m及以上有可能坠落的高处进行的作业。

A. 1　　　　B. 2

C. 3　　　　D. 4

【答案】B

【解析】高处作业是在坠落高度基准面2m及以上有可能坠落的高处进行的作业。

23. ［高级］作业高度在5m以上至15m时，称为二级高处作业，坠落范围半径*R*为（　　）m。

A. 2　　　　B. 3

C. 4　　　　D. 5

【答案】B

【解析】作业高度在5m以上至15m时，称为二级高处作业，坠落范围半径*R*为4m。

24. ［初级］坠落高度基准面2m及以上进行临边作业时，应在临空一侧设置防护栏杆，并应采用（　　）封闭。

A. 密目式安全立网　　　　B. 密目式安全平网和工具式栏板

C. 工具式栏板　　　　D. 密目式安全立网或工具式栏板

【答案】D

【解析】坠落高度基准面2m及以上进行临边作业时，应在临空一侧设置防护栏杆，并应采用密目式安全立网或工具式栏板封闭。

25. ［中级］在电梯施工前，电梯井道内应每隔（　　）加设一道水平安全网。电梯井内的施工层上部，应设置隔离防护设施。

A. 2层且不大于10m　　　　B. 2层且不大于9m

C. 3层且不大于10m　　　　D. 3层且不大于9m

【答案】A

【解析】在电梯施工前，电梯井道内应每隔2层且不大于10m加设一道水平安全网。电梯井内的施工层上部，应设置隔离防护设施。

26. ［中级］（　　）在未固定、无防护设施的构件及管道上进行作业或通行。

A. 可以　　B. 必要时

C. 严禁　　D. 不应

【答案】C

【解析】严禁在未固定、无防护设施的构件及管道上进行作业或通行。

27. ［初级］“四口”是指在建筑施工的楼梯口、电梯口、通道口、（　　）。

A. 施工洞口　　B. 烟道口

C. 检查口　　D. 预留洞口

【答案】D

【解析】“四口”是指在建筑施工的楼梯口、电梯口、通道口、预留洞口。

28. ［中级］垂直空间贯通状态下，可能造成人员或物体坠落的，并处于坠落半径范围内的、上下左右不同层面的立体作业为（　　）。

A. 平行作业　　B. 交叉作业

C. 同时作业　　D. 混合作业

【答案】B

【解析】交叉作业是垂直空间贯通状态下，可能造成人员或物体坠落的，并处于坠落半径范围内的、上下左右不同层面的立体作业

29. ［初级］采用平网防护时，（　　）使用密目式安全立网代替平网使用。

A. 可以　　B. 必要时

C. 严禁　　D. 不应

【答案】C

【解析】采用平网防护时，严禁使用密目式安全立网代替平网使用。

30. ［高级］遇 6 级以上大风、雷雨、大雪等恶劣天气及停用(　　)恢复，使用前应对落地式操作平台进行检查。

A. 超过 1 个月　　B. 超过 2 个月

C. 超过 3 个月　　D. 超过 4 个月

【答案】A

【解析】落地式操作平台检查验收应符合下列规定：(1) 搭设操作平台的钢管和扣件应有产品合格证；(2) 搭设前应对基础进行检查验收，搭设中应随施工进度按结构层对操作平台进行检查验收；(3) 遇 6 级以上大风、雷雨、大雪等恶劣天气及停用超过 1 个月，恢复使用前，应进行检查；(4) 操作平台使用中，应定期进行检查。

31. ［初级］临边作业的防护栏杆应为两道横杆，上杆距地面高度应为(　　) m，下杆应在上杆和挡脚板中间设置。

A. 1.0　　B. 1.05

C. 1.1　　D. 1.2

【答案】D

【解析】临边作业的防护栏杆应为两道横杆，上杆距地面高度应为 1.2m，下杆应在上杆和挡脚板中间设置。

32. ［初级］现行《中华人民共和国消防法》规定消防工作贯彻(　　)的方针。

A. 安全第一、预防为主

B. 以防为主、以消为辅

C. 预防为主、防消结合

D. 以消为主、以防为辅

【答案】C

【解析】自 2009 年 5 月 1 日起施行的新版《中华人民共和国消防法》(以下简称《消防法》) 总则的第二条中规定“消防工作贯彻预防为主、防消结合的方针，按照政府统一领导、部门依法监管、单位全面负责、公民积极参与的原则，实行消防安全责任制，建立健全社会化的消防工作网络”。

33. [初级] 根据工程选址位置、所处周围环境、平面布置、施工工艺和施工部位不同，建筑施工现场动火区域一般可分为(　　)个等级。

A. 二　　　　B. 三

C. 四　　　　D. 五

【答案】B

【解析】根据工程选址位置、所处周围环境、平面布置、施工工艺和施工部位不同，建筑施工现场动火区域一般可分为三个等级。

34. [初级] 关于动火作业没经过审批的，以下说法正确的是(　　)。

A. 一律不得实施动火作业

B. 可以边等待边实施动工作业

C. 工作任务紧张时可以先实施动工作业再补办动火证

D. 在确保有效防火措施前提下可实施动工作业

E. 经过上级领导同意可以实施动工作业

【答案】A

【解析】动火证的管理由安全生产管理部门负责，施工现场动火证的审批由工程项目部负责人审批。动火作业没经过审批的，一律不得实施动火作业。

35. [高级] 灭火器的配置数量应按现行国家标准《建筑灭火器配置设计规范》GB 50140 的有关规定经计算确定，且每个场所的灭火器数量不应少于(　　)具。

A. 1　　　　B. 2

C. 3　　　　D. 4

【答案】B

【解析】灭火器的配置数量应按现行国家标准《建筑灭火器配置设计规范》GB 50140 的有关规定经计算确定，且每个场所的灭火器数量不应少于 2 具。

36. [中级] 四氯化碳灭火器，使用四氯化碳液体，可用于扑救(　　)火灾。

A. 钾、钠　　B. 电气设备

C. 镁、铝　　D. 乙炔、二硫化碳

【答案】B

【解析】四氯化碳灭火器：使用四氯化碳液体，可用于扑救电气设备火灾；不能扑救钾、钠、镁、铝、乙炔、二硫化碳等火灾；射程约7m，使用时打开开关，液体即可喷出。

37. ［中级］施工现场出入口的设置应满足消防车通行的要求，并宜布置在不同方向，其数量不宜少于(　　)个。

A. 2　　B. 3

C. 4　　D. 5

【答案】A

【解析】施工现场出入口的设置应满足消防车通行的要求，并宜布置在不同方向，其数量不宜少于2个。当确有困难只能设置1个出入口时，应在施工现场内设置满足消防车通行的环形道路。

38. ［高级］临时消防车道宜为环形，设置环形车道确有困难时，应在消防车道尽端设置尺寸不小于(　　)的回车场。

A. 10m×10m　　B. 11m×11m

C. 12m×12m　　D. 13m×13m

【答案】C

【解析】临时消防车道宜为环形，设置环形车道确有困难时，应在消防车道尽端设置尺寸不小于12m×12m的回车场。

39. ［高级］临时用房建筑构件的燃烧性能等级应为(　　)级。当采用金属夹芯板材时，其芯材的燃烧性能等级应为(　　)级。

A. A、A　　B. A、B1

C. B1、A　　D. B1、B1

【答案】A

【解析】临时用房的防火设计应符合规范要求，建筑构件的燃烧性能等级应为A级。当采用金属夹芯板材时，其芯材的燃烧性能等级应为 A 级，施工现场很多芯材却达不到要求。

40. [初级] 从三级开关箱向用电设备配电必须实行(　　)制。

A. 二机一闸　　B. 一机二闸

C. 一机一闸　　D. 一闸多机

【答案】C

【解析】从三级开关箱向用电设备配电必须实行“一机一闸”制，不存在分路问题。

41. [中级] 建筑施工现场临时用电分配电箱与开关箱的距离不得超过(　　)m。

A. 3　　B. 5　　C. 15　　D. 30

【答案】D

【解析】分配电箱与开关箱的距离不得超过 30m。

42. [中级] 建筑施工现场临时用电开关箱与其供电的固定式用电设备的水平距离不宜超过(　　)m。

A. 3　　B. 5　　C. 15　　D. 30

【答案】A

【解析】开关箱与其供电的固定式用电设备的水平距离不宜超过 3m。

43. [初级] 应避开在外电架空线路(　　)方从事施工、搭设作业棚、建造生活设施或堆放构件、架具、材料及其他杂物等施工相关活动。

A. 正前　　B. 正后

C. 正下　　D. 前后

【答案】C

【解析】应避开在外电架空线路正下方从事施工、搭设作业棚、建造生活设施或堆放构件、架具、材料及其他杂物等施工相关活动。

44. [初级] 施工现场开挖沟槽边缘与外电埋地电缆沟槽边缘之间的距离不得小于(　　)m。

A. 0.50　　　　　B. 0.60
C. 0.70　　　　　D. 0.80

【答案】A

【解析】施工现场开挖沟槽边缘与外电埋地电缆沟槽边缘之间的距离不得小于 0.50m。

45. [高级] 保护零线应由工作接地线、总配电箱电源侧零线或总漏电保护器电源零线处引出，电气设备的金属外壳(　　)与保护零线连接。

A. 宜　　B. 不应　　C. 必须　　D. 严禁

【答案】C

【解析】保护零线应由工作接地线、总配电箱电源侧零线或总漏电保护器电源零线处引出，电气设备的金属外壳必须与保护零线连接

46. [高级] 相线 L_1（A）、L_2（B）、L_3（C）相序的绝缘颜色依次为(　　)；N 线的绝缘颜色为淡蓝色；PE 线的绝缘颜色为绿/黄双色。任何情况下上述颜色标记严禁混用和互相代用。

A. 绿、黄、红色　　　B. 黄、绿、红色
C. 黄、红色、绿　　　D. 绿、红色、黄

【答案】B

【解析】相线 L_1（A）、L_2（B）、L_3（C）相序的绝缘颜色依次为黄、绿、红色；N 线的绝缘颜色为淡蓝色；PE 线的绝缘颜色为绿/黄双色。任何情况下上述颜色标记严禁混用和互相代用。

47. [初级] 施工现场起重机、物料提升机、施工升降机、脚手架应按规范要求采取防雷措施，防雷装置的冲击接地电阻值不得大于(　　)Ω。

A. 30　　B. 35　　C. 40　　D. 45

【答案】A

【解析】施工现场起重机、物料提升机、施工升降机、脚手架应按规范要求采取防雷措施，防雷装置的冲击接地电阻值不得大于 30Ω。

48. ［中级］机械设备上的避雷针（接闪器）长度应为（　　）m。

A. 0.5～0.6　　B. 0.6～0.8

C. 0.8～1.0　　D. 1～2

【答案】D

【解析】机械设备上的避雷针（接闪器）长度应为1～2m。塔式起重机可不另设避雷针（接闪器）。

49. ［中级］电缆中必须包含全部工作芯线和用作保护零线或保护线的芯线。需要三相四线制配电的电缆线路必须采用（　　）芯电缆。

A. 四　　B. 五　　C. 六　　D. 七

【答案】B

【解析】电缆中必须包含全部工作芯线和用作保护零线或保护线的芯线。需要三相四线制配电的电缆线路必须采用五芯电缆。五芯电缆必须包含淡蓝、绿/黄二种颜色绝缘芯线。淡蓝色芯线必须用作N线；绿/黄双色芯线必须用作PE线，严禁混用。

50. ［高级］特别潮湿场所、导电良好的地面、锅炉或金属容器内的照明，电源电压不得大于（　　）V。

A. 42　　B. 36　　C. 24　　D. 12

【答案】D

【解析】特殊场所应使用安全特低电压照明器：隧道、人防工程、高温、有导电灰尘、比较潮湿或灯具离地面高度低于2.5m等场所的照明，电源电压不应大于36V；潮湿和易触及带电体场所的照明，电源电压不得大于24V；特别潮湿场所、导电良好的地面、锅炉或金属容器内的照明，电源电压不得大于12V。

51. ［初级］下列哪些情况不适宜进行口对口人工呼吸（　　）。

A. 触电休克　　B. 溺水

C. 心跳呼吸骤停者　　D. SO_2中毒者

【答案】D

【解析】SO_2 中毒者应迅速将患者移离中毒现场至通风处，松开衣领，注意保暖、安静，观察病情变化。对有紫绀缺氧者，应立即输氧，保持呼吸道通畅，如有分泌物应立即吸取。

52. ［初级］以下哪一项不属于现场急救基本技术(　　)。

A. 清创　B. 止血　C. 包扎　D. 固定

【答案】A

【解析】清创并非院前急救中使用的现场急救技术，而是用外科手术的方法。

53. ［中级］包扎止血法不能用的物品是(　　)。

A. 绷带　B. 三角巾　C. 止血带　D. 麻绳

【答案】D

【解析】包扎止血，要求包扎物表面平整而且松软，这样才能有效地扎紧受伤部位体内的血管，阻止血管内的血液再流通，达到止血的目的。麻绳，一般说来总是比较粗的，其表面不是平整光滑的，也不够柔软。因此一般不适合用以止血包扎。

54. ［高级］当一个人突然晕倒在地，以下哪项做法不妥(　　)。

A. 必须快速判断现场是否安全

B. 采取“轻拍重喊”判断病人是否有意识

C. 病人的头部或颈部有明确外伤或有可疑外伤，决不能摇其头部

D. 一旦病人神志不清，应尽快搬动病人并送至医院

【答案】D

【解析】不要因为病人神志不清而摇晃他，尽量不移动，使他保持安静，第一时间呼叫救护车。

55. ［高级］灾难现场面对大批伤员时，第一步关键的救援措施就是(　　)。

A. 快速转运伤员　B. 快速检伤分类

C. 确定救治场所　D. 确定救治措施

【答案】B

【解析】在突发的灾害事故现场，医疗救援力量往往是有限的，尤其在事发初期急救医疗资源可能十分匮乏。因此必须将有限的急救资源用在刀刃上，优先保证抢救重伤员。检伤分类就是要尽快把重伤员从一批伤亡人群中筛查出来，争取宝贵的时机在第一时间拯救，从而避免重伤员因得不到及时救治而死于现场。

56. [初级] 在涂刷或喷涂有毒涂料时，特别是含铅、苯、乙烯、铝粉等涂料，必须(　　)和密封式防护眼镜，穿好工作服，扎好领口、袖口、裤脚等处，防止中毒。

A. 戴安全帽　　B. 戴口罩

C. 戴防毒口罩　　D. 戴自给式呼吸器

【答案】C

【解析】铅、苯、乙烯、铝粉等涂料均具有强烈的有毒气味，容易使人中毒。

57. [初级] 吸入含游离二氧化硅的粉尘会引起(　　)。

A. 云母肺　　B. 矽肺

C. 硅酸盐肺　　D. 石棉肺

【答案】B

【解析】矽肺是最早描述的尘肺，是由于生产过程中长期吸入大量含游离二氧化硅的粉尘所引起的以肺纤维化改变为主的肺部疾病。

58. [初级] 以下不属于电离辐射的外照射防护的是(　　)。

A. 时间防护　　B. 距离防护

C. 屏蔽防护　　D. 除污保洁

【答案】D

【解析】电离辐射的防护，主要是控制辐射源的质和量。电离辐射的防护分为外照射防护和内照射防护。外照射防护的基本方法有时间防护、距离防护和屏蔽防护，通称“外防护三原则”。内照射防护的基本防护方法有围封隔离、除污保洁和个人防护等综合性防护措施。

59. ［中级］过滤式防毒面具适用于(　　)。

A. 低氧环境　　　　　　B. 任何有毒性气体环境

C. 高浓度毒性气体环境　D. 低浓度毒性气体环境

【答案】D

【解析】过滤式防毒面具的型号很多，但它们的滤毒能力都是有限度的，只能针对性地滤除某些低浓度的毒气，像浓度很高的酸、氨、氯、一氧化碳等有毒气体都不能滤除。

60. ［中级］为防止生产性粉尘的危害，应加强防尘措施。综合防尘措施的八字方针是(　　)。

A. 革、水、密、风、护、管、教、查

B. 革、水、净、风、护、管、教、查

C. 革、水、密、风、护、管、洁、查

D. 革、水、密、风、护、控、教、查

【答案】A

【解析】综合防尘措施的八字方针是革、水、密、风、护、管、教、查。

61. ［初级］多年来，(　　)一直是建筑施工现场“五大伤害”事故之首。

A. 高处坠落事故　　　　B. 物体打击事故

C. 机械伤害事故　　　　D. 坍塌事故

【答案】A

【解析】多年来，高处坠落事故一直是建筑施工现场“五大伤害”事故之首。

62. ［初级］根据生产安全事故造成的人员伤亡或者直接经济损失划分等级，重伤 46 人为(　　)。

A. 特别重大事故　　　　B. 重大事故

C. 较大事故　　　　　　D. 一般事故

【答案】C

【解析】较大事故是指造成 3 人以上 10 人以下死亡，或者 10 人以上 50 人以下重伤，或者 1000 万元以上 5000 万元以下直接经济损失的事故。

63. ［高级］根据生产安全事故造成的人员伤亡或者直接经济损失划分等级，造成3000万元直接经济损失的事故为（　　）。

A. 特别重大事故　　B. 重大事故

C. 较大事故　　D. 一般事故

【答案】C

【解析】较大事故是指造成3人以上10人以下死亡，或者10人以上50人以下重伤，或者1000万元以上5000万元以下直接经济损失的事故。

64. ［初级］事故发生后，事故现场有关人员应当（　　）向施工单位负责人报告。

A. 立即　　B. 半小时内

C. 1小时内　　D. 2小时内

【答案】A

【解析】事故发生施工单位报告的时限：事故现场有关人员向施工单位负责人报告的时限：立即；施工单位负责人向事故发生地县级以上人民政府建设主管部门和有关部门报告的时限：1小时。

65. ［中级］建设主管部门按照《生产安全事故报告和调查处理条例》（国务院令493号）规定逐级上报事故情况时，每级上报的时间不得超过（　　）小时。

A. 半　　B. 1　　C. 1个半　　D. 2

【答案】D

【解析】建设主管部门按照《生产安全事故报告和调查处理条例》（国务院令493号）规定逐级上报事故情况时，每级上报的时间不得超过2小时。

66. ［高级］事故报告后出现新情况，以及自事故发生之日起（　　）日内，事故造成的伤亡人数发生变化的和道路交通事故、火灾事故自发生之日起7日内，事故造成的伤亡人数发生变化的，均应当及时补报。

A. 30　　B. 35　　C. 40　　D. 45

【答案】A

【解析】事故报告应当及时、准确、完整，任何单位和个人对事故不得迟报、漏报、谎报或者瞒报。事故报告后出现新情况，以及自事故发生之日起 30 日内，事故造成的伤亡人数发生变化的和道路交通事故、火灾事故自发生之日起 7 日内，事故造成的伤亡人数发生变化的，均应当及时补报。

67. [中级] 未造成人员伤亡的一般事故，(　　)也可以委托事故发生单位组织事故调查组进行调查。

A. 县级人民政府　　B. 市级人民政府

C. 省级人民政府　　D. 国务院

【答案】A

【解析】特别重大事故由国务院或者国务院授权有关部门组织事故调查组进行调查。重大事故、较大事故、一般事故分别由事故发生地省级、设区的市级人民政府、县级人民政府负责调查。未造成人员伤亡的一般事故，县级人民政府也可以委托事故发生单位组织事故调查组进行调查。

68. [中级] (　　)接到事故报告后，应当立即启动事故响应应急预案，或者采取有效措施，组织抢救，防止事故扩大，减少人员伤亡和财产损失。

A. 省级人民政府　　B. 市级人民政府

C. 县级人民政府　　D. 事故发生单位负责人

【答案】D

【解析】事故发生单位负责人接到事故报告后，应当立即启动事故响应应急预案，或者采取有效措施，组织抢救，防止事故扩大，减少人员伤亡和财产损失。

69. [高级] 雨期土方回填施工应严格控制(　　)。

A. 铺土厚度　　B. 含水率

C. 压实功　　D. 压实遍数

【答案】B

【解析】土方回填影响因素主要有：含水率、压实功、铺土厚度或压实遍数，其中含水率影响最大。

70. ［中级］冬期施工是指室外日平均气温连续 5d 稳定低于（　　）℃时需按冬期施工采取措施。当室外气温低于 0℃时，应即采取冬期施工措施。

A. 5　　B. 4　　C. 3　　D. 1

【答案】A

【解析】冬期施工定义是指室外日平均气温连续 5d 稳定低于 5℃时需按冬期施工采取措施。当室外气温低于 0℃时，应即采取冬期施工措施。

（三）多选题

1. ［初级］以下哪些是安全生产规章制度（　　）。

A. 严禁在禁火区域吸烟、动火

B. 严禁在上岗前和工作时间饮酒

C. 严禁擅自移动或拆除安全装置和安全标

D. 可以触摸与己无关的设备、设施

E. 严禁在工作时间串岗、离岗、睡岗或嬉戏打闹。

【答案】ABCE

【解析】施工现场严禁在禁火区域吸烟、动火，严禁在上岗前和工作时间饮酒，严禁在工作时间串岗、离岗、睡岗或嬉戏打闹。未经有关人员批准，不得随意拆除安全设施和安全装置；因作业需要拆除的，作业完毕后，必须立即恢复。机械设备、机具使用，必须做到“定人、定机”制度；未经有关人员同意，非操作人员不得使用。

2. ［初级］安全生产中，“三不伤害”指的是（　　）。

A. 不伤害自己　　B. 不伤害别人

C. 不被别人伤害　　D. 不伤害设备

E. 不伤害环境

【答案】ABC

【解析】三不伤害就是指“不伤害自己、不伤害别人、不被别人伤害”。

3. ［初级］安全生产工作应当坚持“四不放过”原则指的是(　　)。

A. 事故原因未查清不放过

B. 事故责任人未受到处理不放过

C. 有关人员未受到教育不放过

D. 整改措施未落实不放过

E. 事故现场未清理不放过

【答案】ABCD

【解析】“四不放过”原则。即生产安全事故的调查处理必须坚持“事故原因未查清不放过；责任人未受到处理不放过；整改措施未落实不放过；有关人员未受到教育不放过”的原则。

4. ［初级］建筑产品的特点(　　)。

A. 固定性　　B. 多样性

C. 统一性　　D. 庞大性

E. 总体性

【答案】ABDE

【解析】建筑施工生产活动的最终物质成果是建筑产品。建筑产品不同于其他产品，与其他产品生产过程存在诸多不同，具有“固定性、庞大性、多样性、总体性”的特点。

5. ［初级］安全帽的作用(　　)。

A. 防止物体打击伤害

B. 防止高处坠落伤害头部

C. 防止机械性损伤

D. 防止污染毛发伤害

E. 防治晒伤面部

【答案】ABCD

【解析】安全帽的作用主要包括：防止物体打击伤害、防止高处坠落伤害头部、防止机械性损伤、防止污染毛发伤害。

6. ［中级］安全色是传递安全信息含义的颜色，包括(　　)。

A. 红　　　　B. 白

C. 蓝　　　　D. 绿

E. 黄

【答案】ACDE

【解析】安全色是传递安全信息含义的颜色，包括红、蓝、黄、绿四种颜色。

7. [高级] 施工单位应当在施工现场入口处、施工起重机械(　　)等危险部位，设置明显的安全警示标志。

A. 分岔路口　　　　B. 临时用电设施

C. 出入通道口　　　　D. 孔洞口

E. 基坑边沿

【答案】BCDE

【解析】施工单位应当在施工现场入口处、施工起重机械、临时用电设施、脚手架、出入通道口、楼梯口、电梯井口、孔洞口、桥梁口、隧道口、基坑边沿、爆破物及有害危险气体和液体存放处等危险部位，设置明显的安全警示标志。

8. [中级] 临边作业是指，在工作面(　　)的高处作业，包括楼板边、楼梯段边、屋面边、阳台边、各类坑、沟、槽等边沿的高处作业。

A. 边沿无围护

B. 边沿有围护

C. 围护设施高度低于 700mm

D. 围护设施高度低于 800mm

E. 围护设施高度低于 900mm

【答案】AD

【解析】临边作业是指在工作面边沿无围护或围护设施高度低于 800mm 的高处作业，包括楼板边、楼梯段边、屋面边、阳台边、各类坑、沟、槽等边沿的高处作业。

9. [高级] 当遇有(　　)等恶劣气候，不得进行露天攀登与悬空高处作业。

A. 强风　　B. 6 级及以上强风

C. 浓雾　　D. 沙尘暴

E. 雪

【答案】BCD

【解析】在雨、霜、雾、雪等天气进行高处作业时，应采取防滑、防冻和防雷措施，并应及时清除作用面的水、冰、雪、霜。当遇有 6 级及以上强风、浓雾、沙尘暴等恶劣气候，不得进行露天攀登与悬空高处作业。

10. [中级] 交叉作业时，坠落半径内应设置(　　)等安全隔离措施。当尚未设置安全隔离措施时，应设置安全隔离区，人员严禁进入隔离区。

A. 安全防护棚　　B. 安全防护网

C. 脚手架　　D. 防护栏杆

E. 隔离区

【答案】AB

【解析】交叉作业时，坠落半径内应设置安全防护棚或安全防护网等安全隔离措施。当尚未设置安全隔离措施时，应设置安全隔离区，人员严禁进入隔离区。

11. [初级] 火灾形成的条件最少应具备的条件，也称为火的形成要素是指(　　)。

A. 风　　B. 可燃物

C. 油　　D. 助燃物

E. 着火源

【答案】BDE

【解析】燃烧的发生和发展，只有同时具备三个条件，可燃物、助燃物和着火源，并相互作用下，由其本身所进行的生物、物理或化学作用而产生热，当达到一定的温度时，发生的自动、自燃现象。

12. [中级] 以下属于施工现场易发火灾的事故场所

是(　　)。

A. 宿舍

B. 未做好扬尘防治的土方密集区

C. 办公用房

D. 厨房操作间

E. 锅炉房

【答案】ACDE

【解析】施工现场客观存在火灾危险源，易发生火灾的场所比较多，归纳起来大致如下：（1）宿舍、办公用房、厨房操作间、锅炉房；（2）生产区库房、可燃材料和易燃易爆危险品加工存放及使用场所；（3）加工场、动火作业场所、配电室及发电机房；（4）装饰装修的部位；（5）节能保温系统。

13. ［中级］施工现场应配备临时应急照明的场所是(　　)。

A. 自备发电机房及变配电房

B. 水泵房

C. 基坑

D. 无天然采光的作业场所及疏散通道

E. 室内

【答案】ABD

【解析】施工现场应配备临时应急照明的场所有：（1）自备发电机房及变配电房；（2）水泵房；（3）无天然采光的作业场所及疏散通道；（4）高度超过 100m 的在建工程的室内疏散通道；（5）发生火灾时仍需坚持工作的其他场所。

14. ［高级］二氧化碳灭火器，使用液态二氧化碳灭火剂，可用于扑救(　　)物质火灾。

A. 电气精密仪器

B. 油类和酸类

C. 钾、钠

D. 镁

E. 铝

【答案】AB

【解析】二氧化碳灭火器：使用液态二氧化碳灭火剂，可用于扑救电气精密。

仪器、油类和酸类火灾；不能扑救钾、钠、镁、铝物质火灾；射程约 3m，使用时一手拿喇叭筒对着火源，另一手打开开关。

15. [初级] 施工现场配电系统从电源进线开始至用电设备之间，经过三级配电装置配送电力，三级配电指的是(　　)。

A. 总配电箱　　B. 分配电箱

C. 用电设备　　D. 开关箱

E. 变压器

【答案】ABD

【解析】施工现场配电系统从电源进线开始至用电设备之间，经过三级配电装置配送电力，即配电系统由配电室的配电柜或总配电箱（一级箱）开始，依次经过分配电箱（二级箱）、开关箱（三级箱）到用电设备。

16. [中级] 以下属于各类用电人员的业务能力要求的(　　)。

A. 各类用电人员应掌握安全用电基本知识和所用设备的性能

B. 使用电气设备前必须按规定穿戴和配备好相应的劳动防护用品，并应检查电气装置和保护设施，严禁设备带“缺陷”运转

C. 保管和维护所用设备，发现问题及时自行解决

D. 暂时停用设备的开关箱可以不分断电源隔离开关，但应关门上锁

E. 移动电气设备时，必须自行切断电源并做妥善处理后进行

【答案】AB

【解析】各类用电人员的业务能力要求：（1）各类用电人员应掌握安全用电基本知识和所用设备的性能；（2）使用电气设备前必须按规定穿戴和配备好相应的劳动防护用品，并应检查电气

装置和保护设施，严禁设备带“缺陷”运转；（3）保管和维护所用设备，发现问题及时报告解决；（4）暂时停用设备的开关箱必须分断电源隔离开关，并应关门上锁；（5）移动电气设备时，必须经电工切断电源并做妥善处理后进行。

17. ［高级］每一接地装置的接地线应采用 2 根及以上导体，在不同点与接地体做电气连接。接地体宜采用（　　）。

A. 角钢　　B. 钢管

C. 细螺纹钢　　D. 粗螺纹钢

E. 光面圆钢

【答案】ABE

【解析】每一接地装置的接地线应采用 2 根及以上导体，在不同点与 接地体做电气连接。接地体宜采用角钢、钢管或光面圆钢，不得采用螺纹钢。接地可利用自然接地体，但应保证其电气连接和热稳定。

18. ［初级］架空线路电杆宜采用（　　）。

A. 钢筋混凝土杆　　B. 钢管杆

C. 角钢杆　　D. 圆钢杆

E. 木杆

【答案】AE

【解析】架空线路宜采用钢筋混凝土杆或木杆。钢筋混凝土杆不得有露筋、宽度大于 0.4mm 的裂纹和扭曲；木杆不得腐朽，其梢径不应小于 140mm。

19. ［中级］分配电箱应装设（　　）、分路断路器或总熔断器、分路熔断器。其设置和选择同总配电箱相应要求。

A. 总隔离开关　　B. 分路隔离开关

C. 总断路器　　D. 总漏电保护器

E. 分路漏电保护器

【答案】ABC

【解析】分配电箱应装设总隔离开关、分路隔离开关以及总断路器、分路断路器或总熔断器、分路熔断器。其设置和选择同总配电箱相应要求。

20. ［中级］施工现场发生的中毒主要有(　　)。

A. 食物中毒　　B. 燃气中毒

C. 毒气中毒　　D. 煤气中毒

E. 重金属中毒

【答案】ACD

【解析】燃气中都一般发生在家里，浴室等；重金属中毒常因环境污染所致。

21. ［高级］施工现场外伤现场救护一般遵从五不原则，下列选项中不属于五不原则的是(　　)。

A. 不用手接触伤口　　B. 不用碘酒涂擦伤口

C. 不随便冲洗伤口　　D. 及时取出伤口异物

E. 及时塞回脱出的内脏组织

【答案】DE

【解析】一是不用手接触伤口；二是不用碘酒涂擦伤口；三是不随便冲洗伤口；四是不随便取出伤口异物；五不随便塞回脱出的内脏组织。

22. ［高级］劳动过程中工作条件因素和劳动者本身的因素都可能是导致疲劳的原因。下列造成疲劳的原因中，属于工作条件因素的有(　　)。

A. 劳动者连续作业时间过长

B. 劳动者未经过专业训练

C. 劳动者的心理压力过大

D. 作业环境噪声过大

E. 显示器不便观察

【答案】ADE

【解析】劳动者未经过专业训练、劳动者的心理压力过大属于劳动者本身因素。

23. ［高级］生产性粉尘可分为无机性粉尘、有机性粉尘和混合性粉尘三类。下列粉尘中，属于有机性粉尘的有(　　)。

A. 水泥粉尘　　B. 合成树脂粉尘

C. 皮毛粉尘　　D. 面粉粉尘

E. 石棉粉尘

【答案】BCD

【解析】水泥粉尘属于人工无机粉尘、石棉粉尘属于无机粉尘。

24. ［中级］建筑施工常见的安全事故也称建筑施工现场“五大伤害”，下列事故(　　)在“五大伤害”中。

A. 死亡事故　　B. 物体打击事故

C. 机械伤害事故　　D. 坍塌事故

E. 重伤事故

【答案】BCD

【解析】建筑施工安全事故通常分为高处坠落事故、触电事故、物体打击事故、机械伤害事故、坍塌事故五大类。

25. ［中级］重大事故，是指(　　)。

A. 造成 10 人以上 30 人以下死亡的事故

B. 50 人以上 100 人以下重伤的事故

C. 10 人以上 50 人以下重伤的事故

D. 5000 万元以上 1 亿元以下直接经济损失的事故

E. 1000 万元以上 5000 万元以下直接经济损失的事故

【答案】ABD

【解析】重大事故是指造成 10 人以上 30 人以下死亡，或者 50 人以上 100 人以下重伤，或者 5000 万元以上 1 亿元以下直接经济损失的事故。

26. ［中级］以下属于建筑施工事故报告一般应当包括下列内容是(　　)。

A. 事故发生单位概况

B. 事故发生的时间、地点以及事故现场情况

C. 事故的简要经过

D. 事故的直接原因

E. 事故的间接原因

【答案】ABC

【解析】建筑施工事故报告一般应当包括下列内容：1. 事故发生单位概况。2. 事故发生的时间、地点以及事故现场情况。3. 事故的简要经过。4. 事故已经造成或者可能造成的伤亡人数（包括下落不明的人数）和初步估计的直接经济损失。5. 已经采取的措施。6. 其他应当报告的情况。

27. [初级] 以下属于事故应急常用电话的是(　　)。

A. 119　　B. 123

C. 121　　D. 120

E. 110

【答案】ADE

【解析】常用的火灾报警电话：119；治安报警电话：110；医疗急救电话：120；交通事故电话：122。

28. [高级] 安全生产事故处理的"四不放过"原则是(　　)。

A. 事故原因未查清不放过

B. 事故责任人未受到处理不放过

C. 事故责任人和周围群众没有受到教育不放过

D. 事故制订切实可行的整改措施没有落实不放过

E. 事故发生单位领导未罚款不放过

【答案】ABCD

【解析】安全生产事故处理的"四不放过"原则：(1) 事故原因未查清不放过；(2) 事故责任人未受到处理不放过；(3) 事故责任人和周围群众没有受到教育不放过；(4) 事故制订切实可行的整改措施没有落实不放过。

29. [中级] 从防滑、防冻角度考虑，以下哪些部位属于冬期施工的危险部位(　　)。

A. 爬梯　　B. 室内粉刷

C. 脚手架作业　　D. 护栏扶手

E. 作业平台

【答案】ACDE

【解析】露天作业必须对爬梯、护栏扶手、脚手架作业、作业平台及潮湿易冻的主要路面做好防滑工作。

30. 从业人员在高温施工时可以携带(　　)等药品做为防暑急救药品。

A. 救心丸　　B. 人丹

C. 清凉油　　D. 风油精

E. 十滴水

【答案】BCDE

【解析】高温施工时要求作业人员随身携带人丹、清凉油、风油精、十滴水等防暑药品，以避免发生中暑事故。

(四) 案例题

【案例题 1】工人王某在搬运完建筑门窗后，准备离开施工现场回家，在行走途中，挪开预留洞口防护栏，直接踩踏的预留洞口的盖板上通过（盖板为 1.5m×1.5m 的模板），盖板在王某的踩踏作用下，发生位移塌落，王某随塌落的盖板掉到地下室地面（落差 15.35m），经抢救无效于当日死亡。

（1）判断题

1）工人王某挪开预留洞口防护栏的行为正确。（×）

2）施工现场预留洞口采用盖板进行覆盖防护时，盖板的承载力应满足使用要求，盖板四周搁置应均衡，并具有防止位移措施。（√）

（2）单选题

1）下列（ B）不属于“四口”。

A. 电梯井口　　B. 管道口

C. 预留洞口　　D. 楼梯口

2）当非竖向洞口短边边长大于或等于（D） mm 时，应在洞口作业侧设置高度不小于 1.2m 的防护栏杆，洞口应采用安全平网封闭。

A. 25　　　　B. 500

C. 1000　　　　D. 1500

（3）多选题

施工班组在每天上班前进行的班前活动内容为（ABCD）。

A. 前一天安全生产工作小结

B. 当天工作任务及安全生产要求

C. 班前的安全教育

D. 岗前安全隐患检查及整改

E. 作业人员应遵守的安全操作规程

【案例题 2】某工程的 1 号物料提升机吊篮停在二层，女工唐某未戴安全帽进行卸料作业，操作人员张某临时离开。这时唐某喊叫要求物料提升机升至三层，经过此地的工人胡某却开动了 1 号物料提升机，唐某也乘坐吊篮升到三层；工人胡某随后误操作继续提升物料提升机，此时唐某正跨于吊笼与平台之间，上升的提升机把唐某掀翻，从三层平台坠落到地面，头部碰撞到物料提升机立柱，经抢救无效后死亡。

（1）判断题

1）唐某也乘坐物料提升机的吊篮升到三层的做法正确。（×）

2）唐某未带戴安全帽在施工现场进行作业是正确的。（×）

（2）单选题

1）该项目的（C ）应该必须持特种作业资格证上岗。

A. 唐某　　　　B. 胡某

C. 张某　　　　D. 项目安全员

2）建筑施工特种作业人员必须经（A）考核合格，取得建筑施工特种作业人员操作资格证书后，方可上岗从事相应作业。

A. 建设主管部门　　　　B. 建筑施工企业

C. 安全协会　　　　D. 监理企业

（3）多选题

施工现场常见的特种设备为（ACD）。

A. 塔吊　　B. 电焊机

C. 施工升降机　　D. 物料提升机

E. 混凝土搅拌机

【案例题 3】某市建筑装潢公司油漆工吴某、王某二人将一架无防滑包脚的竹梯放置在高 3 米的大铁门上。吴某爬上竹梯用喷枪向大门喷油漆，王某在下面扶梯子。工作一段时间油漆不够，吴某叫王某到存放油漆点调油漆，吴某在梯上继续工作。突然竹梯失重向右侧滑倒，导致吴某（未戴安全帽）坠落后脑着地，经送医院抢救无效死亡。

（1）判断题

1）高处作业人员应根据作业的实际情况配备相应的高处作业防护用品，并应按规定正确佩戴和使用相应的防护用品、用具。（× ）

2）脚手架操作层上严禁架设梯子进行作业。（√）

（2）单选题

1）使用单梯时梯面应与水平面成(D)夹角，踏步不得缺失，梯格间距宜为 300mm。

A. 60°　　B. 65°

C. 70°　　D. 75°

2）在无立足点或无牢靠立足点的条件下，位于坠落高度基准面 2.3m 进行的作业为（B）。

A. 高处作业　　B. 悬空高处作业

C. 悬空作业　　D. 临边作业

（3）多选题

该事故直接原因是（ABC）。

A. 竹梯无防滑措施

B. 吴某施工作业时未戴安全帽

C. 王某离开，使竹梯无专人扶梯

D. 吴某高处作业未使用安全带

E. 采用竹梯登高

【案例题 4】2018 年 1 月 26 日晚 10：30 分，某市一幢 31 层正在进行室内装饰大楼发生火灾，造成 29 人死亡，49 人重伤，其他人员伤势较轻，直接经济损失 5000 万元的事故。经调查得知：因工程所在地气象部门预报将连续 5 天有近几年罕见大雪，气温非常低。项目经理为了安全起见，将现场所有工人从临时活动用房宿舍内转移到在建工程内，用装饰材料隔开并搭设床铺供工人们住宿使用。事发当晚，天气寒冷异常，很多工人们都在使用大功率取暖器取暖，结果造成电线过载起火烧着了装饰材料引发火灾。

（1）判断题

1）以安全为由在在建工程内，用装饰材料隔开并搭设床铺供工人们住宿使用的做法是错误的。（√）

2）因为事发当晚特别寒冷，多数工人们都在使用大功率取暖器取暖的做法是可以理解和正确的。（×）

（2）单项题

1）根据生产安全事故造成的人员伤亡或者直接经济损失，本工程事故等级属于（C）。

A. 一般事故　　　　B. 较大事故

C. 重大事故　　　　D. 特别重大事故

2）从本次事故等级来看，一般应由（B）负责调查。

A. 国务院　　　　B. 省级人民政府

C. 设区的市级人民政府　　　　D. 县级人民政府

（3）多项题

根据《建筑施工现场消防安全技术规范》GB 50720—2011 中防火间距要求的相关规定，（ BDE ）与在建工程的防火间距不应小于 10m。

A. 易燃易爆危险品库

B. 可燃材料堆场及其加工场

C. 临时设施

D. 可燃材料加工场

E. 固定动火作业场

【案例题 5】甲建筑施工总承包单位中标取得了某房屋建筑工程的土建施工任务，该工程地下一层，地上十一层，总建筑面积 31000m^2。工程开工前，项目经理安排施工员编制了《施工现场临时用电组织设计》和建立施工现场临时用电安全技术档案。工程随后顺利开工，2017 年 10 月 3 日，现场电工因亲戚结婚请假回家帮忙，项目经理临时指派只持有施工员证的小叶兼任电工工作。当日下午刚刚上班不久，砂浆搅拌机出料口因长时间清洗工作不到位而堵塞出料不畅，搅拌机操作工小李于是边开动搅拌机边用铁耙在料斗里往外帮助扒料，随即小李右手臂卷入搅拌机内，施工员见状赶快跑过去将搅拌机开关箱关闸断电，结果还是造成小李右手臂卷入搅拌机内而断裂的事故。

（1）判断题

1）本工程项目经理安排施工员编制《施工现场临时用电组织设计》是正确的。（×）

2）现场电工因亲戚结婚请假回家帮忙，项目经理临时指派只持有施工员证的小叶兼任电工工作是符合临时工作安排要求的。（×）

（2）单项题

1）下列选项不属于《施工现场临时用电组织设计》应包括内容的是（C）。

A. 现场勘测

B. 设计配电系统

C. 电线电缆正式敷设

D. 进行负荷计算

2）如果按建筑施工安全事故伤害的原因分类，本次事故属于（D）。

A. 高处坠落事故

B. 坍塌事故

C. 物体打击事故

D. 机械事故

（3）多项题

关于施工现场临时用电安全技术档案，下列选项中说法错误的有（ ACE ）。

A. 安全技术档案应由项目经理负责建立与管理。

B. 安全技术档案中“电工安装、巡检、维修、拆除工作记录”可指定电工代管。

C. 安全技术档案中“电工安装、巡检、维修、拆除工作记录”，每周由项目技术负责人审核认可。

D. 安全技术档案中“电工安装、巡检、维修、拆除工作记录”应在临时用电工程拆除后统一归档。

E. 安全技术档案中“接地电阻、绝缘电阻和漏电保护器漏电动作参数测定记录表”可指定电工代管。

【案例题 6】A 总承包企业经招标承建某酒店土建和装修工程，该工程建筑总高度 66m，一楼大厅部位层高 10m，合同工期 22 个月，施工单位在开工前编制了安全施工组织设计和各安全生产专项方案，其中脚手架采用落地式钢扣件管脚手架，从地面搭设到顶，在施工过程中发生了两件事：（1）建设单位要求施工单位加快进度，须提前 2 个月竣工，否则将对施工单位进行处罚。（2）在进行塔吊安装时，塔吊拆装分包单位不听从总承包单位的管理要求，擅自进行安装作业，造成 1 人高坠重伤。

（1）判断题

1）脚手架从地面搭设到顶的做法绝对不允许。（×）

2）建设单位要求施工单位加快进度，提前 2 个月竣工的做法符合法律要求。（×）

（2）单选题

1）塔吊拆装分包单位不听从总承包单位的管理要求，擅自进行安装作业，造成 1 人高坠重伤，由（B）承担主要责任。

A. 总包单位　　　　B. 塔吊拆装分包单位

C. 监理公司　　　　D. 建设单位

2）关于施工安全专项方案的审批，下列说法正确的是（C）。

A. 安全员审批　　　　　　　B. 由企业主要负责人审批

C. 企业技术负责人审批　　　D. 质量员审批

（3）多选题

以下属于超过一定规模的危险性较大的分部分项工程范围（ABD）。

A. 开挖深度超过5m（含5m）的基坑（槽）的土方开挖

B. 搭设高度50m及以上落地式钢管脚手架工程

C. 搭设高度5m及以下的混凝土模板支撑工程

D. 施工高度50m及以上的建筑幕墙安装工程

E. 搭设高度24m及以下的落地式钢管脚手架工程

【案例题7】某市一建筑工地，工人王某在搬运完建筑门窗后，准备离开施工现场回家，由于楼内光线不足，在行走途中，不小心踏上了通风口盖板上（通风口为1.2m×1.4m，盖板为1.5m×1.5m，厚1mm的镀锌铁皮），铁皮在王某的踩踏作用下，迅速变形塌落，王某随塌落的盖板掉到地下室地面（落差3m），经抢救构成重伤。

（1）判断题：

1）管道口属于“四口”防护。（×）

2）洞与孔边口旁的高处作业，包括施工现场及通道旁深度在2m及2m以上的桩孔、人孔、沟槽与管道、孔洞等边沿上的作业称为洞口作业。（×）

（2）单选题

1）建筑工程安全生产管理必须坚持“安全第一、预防为主、综合治理”的方针，建立健全安全生产（A）制度和群防控制制度。

A. 责任　　　　　　　　　B. 领导

C. 管理　　　　　　　　　D. 监督、

2）“洞口”防护情况的检查主要通过（B）的检查方式。

A. 听　　　　B. 看
C. 量　　　　D. 测

（3）多选题

安全网是用来防止人、物坠落，或用来避免、减轻坠落及物击伤害的网具。安全网一般由（ABE ）等构件组成。

A. 网体　　　　B. 边绳
C. 扎丝　　　　D. 扣件
E. 系绳

【案例题 8】某产业园一私人泥石厂发生一起一批工人患职业病事件。该厂 3 年前从某地招聘来约百人到厂做工，简陋的厂房里除了生产用的机器外，无其他任何设备。作业场所狭小，空气流通不畅。每天工作时间从 5 时至 17 时，中午只有 30min 的休息时间。工作时 3m 之外看不见人。因灰尘太大，工人要求老板给配口罩，老板说你们干活挣钱，应自己买。没过多久，这些工人就出现了咳嗽、气短现象，但大家都没在意，以为干几年挣一些钱就可以回家了。后来因连续发生三人不明原因死亡，症状几乎相同，才引起大家的注意。一去医院检查，竟有几十人患职业病。患病的职工找到了该企业老板，该企业老板给每个人发了 2000 元作为“安慰金”，拒绝承担其他责任。

（1）判断题

1）根据粉尘化学性质不同，粉尘对人体的危害作用主要为窒息。（×）

2）在本例中私人企业老板应该承担的刑事责任为重大劳动安全事故罪。（×）

（2）单选题

1）该作业场所的灰尘主要属于（A）粉尘。

A. 无机粉尘　　　　B. 有机粉尘
C. 混合性粉尘　　　　D. 物理性粉尘

2）该职业病属于（A）。

A. 矽肺　　　　B. 中毒

C. 石棉肺　　　　　　D. 职业肺癌

（3）多选题

该工厂应采用（ABD）消除和降低粉尘危害。

A. 改革工艺流程，使生产过程机械化、密闭化、自动化

B. 湿式作业

C. 开放作业

D. 佩戴个体防护用具

E. 强气流作业

【案例题9】A公司在元南县进行一项建筑工程建设，由元南县建筑设计局设计，B公司承建，委托正平监理公司监理，并办理了施工许可证。有一高层建筑毗邻施工地点，可能会因A公司的工程而产生地基下降。

（1）判断题

1）B公司在编制施工组织设计时，应当根据建筑工程的特点制定相应的安全技术措施。（√）

2）在本项目中监理公司的重点主要是对基础以上工程部分进行质量与安全监管。（×）

（2）单选题

1）（A）应当向B公司提供与施工现场相关的地下管线资料，B公司应当采取措施加以保护。

A. A公司　　　　　　B. 元南县建设设计局

C. 正平监理公司　　　　D. 元南县人民政府

2）（D）应当遵守有关环境保护和安全生产的法律、法规的规定，采取控制和处理施工现场的各种粉尘、废气、废水、固体废物以及噪声、振动对环境的污染和危害的措施。

A. A公司　　　　　　B. 元南县建设设计局

C. 正平监理公司　　　　D. B公司

（3）多选题

以下属于办理施工许可证必备条件的是（ACDE）。

A. 已办理该建筑工程用地批准手续

B. 国有土地使用权出让合同及用地红线图

C. 建设资金已经落实

D. 有满足施工需要的施工图纸及技术资料

E. 城市规划区的建筑工程已经取得规划许可证

【案例题 10】某市一幢 31 层（第一层为 6.6m 高的商业门面外，其他均为 3.8m 高标准层）正在进行室内装饰大楼发生火灾，造成多人伤亡。经调查得知：因工程所在地气象部门预报将连续多天罕见大雪，气温极低。为避低温天气，项目经理将现场 152 名工人从两层总建筑面积共 $520m^2$ 临时活动用房宿舍内转移到在建工程内，并用易燃材料做住宿隔断。事发当晚，天气寒冷异常，许多工人们都在使用大功率取暖器取暖，造成电线过载起火引发火灾。

（1）判断题

1）本在建工程因为只有 31 层，所以楼层可以不增设临时中转水池及加压水泵。（×）

2）本工程施工组织设计中将工人宿舍的临时用房布置成为 40m×6.5m 上下二层相等建筑面积符合临时用房的防火设计规范要求。（√）

（2）单选题

1）在建工程如果需要在适当楼层增设临时中转水池及加压水泵。

那么选项中符合中转水池的有效容积尺寸的是（D)。

A. 2m×2m×2m

B. 2.5m×2.5m×2.5m

C. 3m×3m×3m

D. 3.5m×3.5m×3.5m

2）本工程工人宿舍的临时用房应设置至少（B）部疏散楼梯才能符合临时用房的防火设计规范要求。

A. 1　　B. 2　　C. 3　　D. 4

（3）多选题

关于建筑施工现场消防安全的要求，下列选项中说法正确的有（CDE）。

A. 本工程可燃材料库房单个房间的建筑面积最大尺寸可以是 5m×6.5m

B. 本工程现场有 100m^{2}临时木工间，配备了 2 只灭火器。

C. 本工程宿舍房间的建筑面积最大尺寸可以是 3.5m×6.5m。

D. 本工程除宿舍房间外的其他房间的建筑面积最大尺寸可以是 10m×9m。

E. 现场 152 名工人居住的宿舍总居住面积符合要求。

附录一　相关法律法规节选

（一）《中华人民共和国建筑法》

2011 年 4 月 22 日中华人民共和国第十一届全国人民代表大会常务委员会第二十次会议通过《全国人民代表大会常务委员会关于修改〈中华人民共和国建筑法〉的决定》，2011 年 4 月 22 日中华人民共和国主席令第四十六号公布，自 2011 年 7 月 1 日起施行。

第三十六条　建筑工程安全生产管理必须坚持安全第一、预防为主的方针，建立健全安全生产的责任制度和群防群治制度。

第四十六条　建筑施工企业应当建立健全劳动安全生产教育培训制度，加强对职工安全生产的教育培训；未经安全生产教育培训的人员，不得上岗作业。

第四十七条　建筑施工企业和作业人员在施工过程中，应当遵守有关安全生产的法律、法规和建筑行业安全规章、规程，不得违章指挥或者违章作业。作业人员有权对影响人身健康的作业程序和作业条件提出改进意见，有权获得安全生产所需的防护用品。作业人员对危及生命安全和人身健康的行为有权提出批评、检举和控告。

第四十八条　建筑施工企业应当依法为职工参加工伤保险缴纳工伤保险费。鼓励企业为从事危险作业的职工办理意外伤害保险，支付保险费。

第五十一条　施工中发生事故时，建筑施工企业应当采取紧急措施减少人员伤亡和事故损失，并按照国家有关规定及时向有关部门报告。

（二）《中华人民共和国安全生产法》

2014年8月31日中华人民共和国第十二届全国人民代表大会常务委员会第十次会议了通过《全国人民代表大会常务委员会关于修改〈中华人民共和国安全生产法〉的决定》，2014年8月31日中华人民共和国主席令第十三号公布，自2014年12月1日起施行。

第三条 安全生产工作应当以人为本，坚持安全发展，坚持安全第一、预防为主、综合治理的方针，强化和落实生产经营单位的主体责任，建立生产经营单位负责、职工参与、政府监管、行业自律和社会监督的机制。

第六条 生产经营单位的从业人员有依法获得安全生产保障的权利，并应当依法履行安全生产方面的义务。

第二十五条 生产经营单位应当对从业人员进行安全生产教育和培训，保证从业人员具备必要的安全生产知识，熟悉有关的安全生产规章制度和安全操作规程，掌握本岗位的安全操作技能，了解事故应急处理措施，知悉自身在安全生产方面的权利和义务。未经安全生产教育和培训合格的从业人员，不得上岗作业。

生产经营单位使用被派遣劳动者的，应当将被派遣劳动者纳入本单位从业人员统一管理，对被派遣劳动者进行岗位安全操作规程和安全操作技能的教育和培训。劳务派遣单位应当对被派遣劳动者进行必要的安全生产教育和培训。

生产经营单位应当建立安全生产教育和培训档案，如实记录安全生产教育和培训的时间、内容、参加人员以及考核结果等情况。

第二十七条 生产经营单位的特种作业人员必须按照国家有关规定经专门的安全作业培训，取得相应资格，方可上岗作业。

特种作业人员的范围由国务院负责安全生产监督管理部门会

同国务院有关部门确定。

第四十一条　生产经营单位应当教育和督促从业人员严格执行本单位的安全生产规章制度和安全操作规程；并向从业人员如实告知作业场所和工作岗位存在的危险因素、防范措施以及事故应急措施。

第四十二条　生产经营单位必须为从业人员提供符合国家标准或者行业标准的劳动防护用品，并监督、教育从业人员按照使用规则佩戴、使用。

第四十八条　生产经营单位必须依法参加工伤保险，为从业人员缴纳保险费。

国家鼓励生产经营单位投保安全生产责任保险。

第四十九条　生产经营单位与从业人员订立的劳动合同，应当载明有关保障从业人员劳动安全、防止职业危害的事项，以及依法为从业人员办理工伤保险的事项。

生产经营单位不得以任何形式与从业人员订立协议，免除或者减轻其对从业人员因生产安全事故伤亡依法应承担的责任。

第五十条　生产经营单位的从业人员有权了解其作业场所和工作岗位存在的危险因素、防范措施及事故应急措施，有权对本单位的安全生产工作提出建议。

第五十一条　从业人员有权对本单位安全生产工作中存在的问题提出批评、检举、控告；有权拒绝违章指挥和强令冒险作业。

生产经营单位不得因从业人员对本单位安全生产工作提出批评、检举、控告或者拒绝违章指挥、强令冒险作业而降低其工资、福利等待遇或者解除与其订立的劳动合同。

第五十二条　从业人员发现直接危及人身安全的紧急情况时，有权停止作业或者在采取可能的应急措施后撤离作业场所。

生产经营单位不得因从业人员在前款紧急情况下停止作业或者采取紧急撤离措施而降低其工资、福利等待遇或者解除与其订立的劳动合同。

第五十三条 因生产安全事故受到损害的从业人员，除依法享有工伤保险外，依照有关民事法律尚有获得赔偿的权利的，有权向本单位提出赔偿要求。

第五十四条 从业人员在作业过程中，应当严格遵守本单位的安全生产规章制度和操作规程，服从管理，正确佩戴和使用劳动防护用品。

第五十五条 从业人员应当接受安全生产教育和培训，掌握本职工作所需的安全生产知识，提高安全生产技能，增强事故预防和应急处理能力。

第五十六条 从业人员发现事故隐患或者其他不安全因素，应当立即向现场安全生产管理人员或者本单位负责人报告；接到报告的人员应当及时予以处理。

第五十八条 生产经营单位使用被派遣劳动者的，被派遣劳动者享有本法规定的从业人员的权利，并应当履行本法规定的从业人员的义务。

第七十一条 任何单位或者个人对事故隐患或者安全生产违法行为，均有权向负有安全生产监督管理职责的部门报告或者举报。

第一百零三条 生产经营单位与从业人员订立协议，免除或者减轻其对从业人员因生产安全事故伤亡依法应承担的责任的，该协议无效；对生产经营单位的主要负责人、个人经营的投资人处二万元以上十万元以下的罚款。

第一百零四条 生产经营单位的从业人员不服从管理，违反安全生产规章制度或者操作规程的，由生产经营单位给予批评教育，依照有关规章制度给予处分；构成犯罪的，依照刑法有关规定追究刑事责任。

（三）《中华人民共和国劳动法》

2009年8月27日，第十一届全国人民代表大会常务委员会第十次会议通过的《全国人民代表大会常务委员会关于修改部分法律的决定》修订，自公布之日起施行。

第十五条 禁止用人单位招用未满十六周岁的未成年人。

文艺、体育和特种工艺单位招用未满十六周岁的未成年人，必须依照国家有关规定，履行审批手续，并保障其接受义务教育的权利。

第十七条 订立和变更劳动合同，应当遵循平等自愿、协商一致的原则，不得违反法律、行政法规的规定。

劳动合同依法订立即具有法律约束力，当事人必须履行劳动合同规定的义务。

第十八条 下列劳动合同无效：

（一）违反法律、行政法规的劳动合同。

（二）采取欺诈、威胁等手段订立的劳动合同。

无效的劳动合同，从订立的时候起，就没有法律约束力。确认劳动合同部分无效的，如果不影响其余部分的效力，其余部分仍然有效。

劳动合同的无效，由劳动争议仲裁委员会或者人民法院确认。

第十九条 劳动合同应当以书面形式订立，并具备以下条款：

（一）劳动合同期限；

（二）工作内容；

（三）劳动保护和劳动条件；

（四）劳动报酬；

（五）劳动纪律；

（六）劳动合同终止的条件；

（七）违反劳动合同的责任。

劳动合同除前款规定的必备条款外，当事人可以协商约定其他内容。

第二十条 劳动合同的期限分为有固定期限、无固定期限和以完成一定的工作为期限。

劳动者在同一用人单位连续工作满十年以上，当事人双方同意延续劳动合同的，如果劳动者提出订立无固定期限的劳动合同，应当订立无固定期限的劳动合同。

第二十一条 劳动合同可以约定试用期。试用期最长不得超过六个月。

第二十五条 劳动者有下列情形之一的，用人单位可以解除劳动合同：

（一）在试用期间被证明不符合录用条件的；

（二）严重违反劳动纪律或者用人单位规章制度的；

（三）严重失职，营私舞弊，对用人单位利益造成重大损害的；

（四）被依法追究刑事责任的。

第二十六条 有下列情形之一的，用人单位可以解除劳动合同，但是应当提前三十日以书面形式通知劳动者本人：

（一）劳动者患病或者非因工负伤，医疗期满后，不能从事原工作也不能从事由用人单位另行安排的工作的；

（二）劳动者不能胜任工作，经过培训或者调整工作岗位，仍不能胜任工作的；

（三）劳动合同订立时所依据的客观情况发生重大变化，致使原劳动合同无法履行，经当事人协商不能就变更劳动合同达成协议的。

第二十九条 劳动者有下列情形之一的，用人单位不得依据本法第二十六条、第二十七条的规定解除劳动合同：

（一）患职业病或者因工负伤并被确认丧失或者部分丧失劳动能力的；

（二）患病或者负伤，在规定的医疗期内的；

（三）女职工在孕期、产期、哺乳期内的；

（四）法律、行政法规规定的其他情形。

第三十一条 劳动者解除劳动合同，应当提前三十日以书面形式通知用人单位。

第三十二条 有下列情形之一的，劳动者可以随时通知用人单位解除劳动合同：

（一）在试用期内的；

（二）用人单位以暴力、威胁或者非法限制人身自由的手段强迫劳动的；

（三）用人单位未按照劳动合同约定支付劳动报酬或者提供劳动条件的。

第五十二条 用人单位必须建立、健全劳动安全卫生制度，严格执行国家劳动安全卫生规程和标准，对劳动者进行劳动安全卫生教育，防止劳动过程中的事故，减少职业危害。

第五十三条 劳动安全卫生设施必须符合国家规定的标准。

新建、改建、扩建工程的劳动安全卫生设施必须与主体工程同时设计、同时施工、同时投入生产和使用。

第五十四条 用人单位必须为劳动者提供符合国家规定的劳动安全卫生条件和必要的劳动防护用品，对从事有职业危害作业的劳动者应当定期进行健康检查。

第五十五条 从事特种作业的劳动者必须经过专门培训并取得特种作业资格。

第五十六条 劳动者在劳动过程中必须严格遵守安全操作规程。

劳动者对用人单位管理人员违章指挥、强令冒险作业，有权拒绝执行；对危害生命安全和身体健康的行为，有权提出批评、检举和控告。

第五十八条 国家对女职工和未成年工实行特殊劳动保护。

未成年工是指年满十六周岁未满十八周岁的劳动者。

第六十八条 用人单位应当建立职业培训制度，按照国家规定提取和使用职业培训经费，根据本单位实际，有计划地对劳动者进行职业培训。

从事技术工种的劳动者，上岗前必须经过培训。

（四）《建设工程安全生产管理条例》

2003年11月12日国务院第28次常务会议通过，中华人民共和国国务院令第393号公布，自2004年2月1日起施行。

第十七条 在施工现场安装、拆卸施工起重机械和整体提升脚手架、模板等自升式架设设施，必须由具有相应资质的单位承担。

安装、拆卸施工起重机械和整体提升脚手架、模板等自升式架设设施，应当编制拆装方案、制定安全施工措施，并由专业技术人员现场监督。

施工起重机械和整体提升脚手架、模板等自升式架设设施安装完毕后，安装单位应当自检，出具自检合格证明，并向施工单位进行安全使用说明，办理验收手续并签字。

第二十五条 垂直运输机械作业人员、安装拆卸工、爆破作业人员、起重信号工、登高架设作业人员等特种作业人员，必须按照国家有关规定经过专门的安全作业培训，并取得特种作业操作资格证书后，方可上岗作业。

第二十七条 建设工程施工前，施工单位负责项目管理的技术人员应当对有关安全施工的技术要求向施工作业班组、作业人员作出详细说明，并由双方签字确认。

第三十二条 施工单位应当向作业人员提供安全防护用具和安全防护服装，并书面告知危险岗位的操作规程和违章操作的危害。

作业人员有权对施工现场的作业条件、作业程序和作业方式中存在的安全问题提出批评、检举和控告，有权拒绝违章指挥和强令冒险作业。

在施工中发生危及人身安全的紧急情况时，作业人员有权立即停止作业或者要采取必要的应急措施后撤离危险区域。

第三十三条 作业人员应当遵守安全施工的强制性标准、规章制度和操作规程，正确使用安全防护用具、机械设备等。

第三十七条 作业人员进入新的岗位或者新的施工现场前，应当接受安全生产教育培训。未经教育培训或者教育培训考核不合格的人员，不得上岗作业。

施工单位在采用新技术、新工艺、新设备、新材料时，应当对作业人员进行相应的安全生产教育培训。

第三十八条 施工单位应当为施工现场从事危险作业的人员办理意外伤害保险。

意外伤害保险费由施工单位支付。实行施工总承包的，由总承包单位支付意外伤害保险费。意外伤害保险期限自建设工程开工之日起至竣工验收合格止。

（五）《工伤保险条例》

2010 年 12 月 20 日《国务院关于修改〈工伤保险条例〉的决定》，中华人民共和国国务院令第 586 号公布，2011 年 1 月 1 日起施行。

第十条 用人单位应当按时缴纳工伤保险费。职工个人不缴纳工伤保险费。

用人单位缴纳工伤保险费的数额为本单位职工工资总额乘以单位缴费费率之积。

对难以按照工资总额缴纳工伤保险费的行业，其缴纳工伤保险费的具体方式，由国务院社会保险行政部门规定。

第十四条 职工有下列情形之一的，应当认定为工伤：

（一）在工作时间和工作场所内，因工作原因受到事故伤害的；

（二）工作时间前后在工作场所内，从事与工作有关的预备性或者收尾性工作受到事故伤害的；

（三）在工作时间和工作场所内，因履行工作职责受到暴力等意外伤害的；

（四）患职业病的；

（五）因工外出期间，由于工作原因受到伤害或者发生事故下落不明的；

（六）在上下班途中，受到非本人主要责任的交通事故或者城市轨道交通、客运轮渡、火车事故伤害的；

（七）法律、行政法规规定应当认定为工伤的其他情形。

第十五条 职工有下列情形之一的，视同工伤：

（一）在工作时间和工作岗位，突发疾病死亡或者在48小时之内经抢救无效死亡的；

（二）在抢险救灾等维护国家利益、公共利益活动中受到伤害的；

（三）职工原在军队服役，因战、因公负伤致残，已取得革命伤残军人证，到用人单位后旧伤复发的。

职工有前款第（一）项、第（二）项情形的，按照本条例的有关规定享受工伤保险待遇；职工有前款第（三）项情形的，按照本条例的有关规定享受除一次性伤残补助金以外的工伤保险待遇

第十六条 职工符合本条例第十四条、第十五条的规定，但是有下列情形之一的，不得认定为工伤或者视同工伤：

（一）故意犯罪的；

（二）醉酒或者吸毒的；

（三）自残或者自杀的。

第十七条 职工发生事故伤害或者按照职业病防治法规定被诊断、鉴定为职业病，所在单位应当自事故伤害发生之日或者被诊断、鉴定为职业病之日起30日内，向统筹地区社会保险行政部门提出工伤认定申请。遇有特殊情况，经报社会保险行政部门同意，申请时限可以适当延长。

用人单位未按前款规定提出工伤认定申请的，工伤职工或者其近亲属、工会组织在事故伤害发生之日或者被诊断、鉴定为职业病之日起1年内，可以直接向用人单位所在地统筹地区社会保

险行政部门提出工伤认定申请。

按照本条第一款规定应当由省级社会保险行政部门进行工伤认定的事项，根据属地原则由用人单位所在地的设区的市级社会保险行政部门办理。

用人单位未在本条第一款规定的时限内提交工伤认定申请，在此期间发生符合本条例规定的工伤待遇等有关费用由该用人单位负担。

第十八条 提出工伤认定申请应当提交下列材料：

（一）工伤认定申请表；

（二）与用人单位存在劳动关系（包括事实劳动关系）的证明材料；

（三）医疗诊断证明或者职业病诊断证明书（或者职业病诊断鉴定书）。

工伤认定申请表应当包括事故发生的时间、地点、原因以及职工伤害程度等基本情况。

工伤认定申请人提供材料不完整的，社会保险行政部门应当一次性书面告知工伤认定申请人需要补正的全部材料。申请人按照书面告知要求补正材料后，社会保险行政部门应当受理。

第二十一条 职工发生工伤，经治疗伤情相对稳定后存在残疾、影响劳动能力的，应当进行劳动能力鉴定。

第二十二条 劳动能力鉴定是指劳动功能障碍程度和生活自理障碍程度的等级鉴定。

劳动功能障碍分为十个伤残等级，最重的为一级，最轻的为十级。

生活自理障碍分为三个等级：生活完全不能自理、生活大部分不能自理和生活部分不能自理。

劳动能力鉴定标准由国务院社会保险行政部门会同国务院卫生行政部门等部门制定。

第二十三条 劳动能力鉴定由用人单位、工伤职工或者其近亲属向设区的市级劳动能力鉴定委员会提出申请，并提供工伤认定决定和职工工伤医疗的有关资料。

第二十八条 自劳动能力鉴定结论作出之日起1年后，工伤职工或者其近亲属、所在单位或者经办机构认为伤残情况发生变化的，可以申请劳动能力复查鉴定。

第三十条 职工因工作遭受事故伤害或者患职业病进行治疗，享受工伤医疗待遇。

职工治疗工伤应当在签订服务协议的医疗机构就医，情况紧急时可以先到就近的医疗机构急救。

治疗工伤所需费用符合工伤保险诊疗项目目录、工伤保险药品目录、工伤保险住院服务标准的，从工伤保险基金支付。工伤保险诊疗项目目录、工伤保险药品目录、工伤保险住院服务标准，由国务院社会保险行政部门会同国务院卫生行政部门、食品药品监督管理部门等部门规定。

职工住院治疗工伤的伙食补助费，以及经医疗机构出具证明，报经办机构同意，工伤职工到统筹地区以外就医所需的交通、食宿费用从工伤保险基金支付，基金支付的具体标准由统筹地区人民政府规定。

工伤职工治疗非工伤引发的疾病，不享受工伤医疗待遇，按照基本医疗保险办法处理。

工伤职工到签订服务协议的医疗机构进行工伤康复的费用，符合规定的，从工伤保险基金支付。

第四十二条 工伤职工有下列情形之一的，停止享受工伤保险待遇：

（一）丧失享受待遇条件的；

（二）拒不接受劳动能力鉴定的；

（三）拒绝治疗的。

附录二　现场常见的安全标志

《安全标志及其使用导则》GB 2894—2008 节选

1. 禁止标志

编号	图形标志	名称	标志种类	设置范围和地点
1-1		禁止吸烟 No smoking	H	有甲、乙、丙类火灾危险物质的场所和禁止吸烟的公共场所等，如：木工车间、油漆车间、纺织厂等
1-2		禁止烟火 No burning	H	有甲、乙类、丙类火灾危险物质的场所，如：面粉厂、煤粉厂、施工工地等
1-5		禁止放置易燃物 No laying inflammable thing	H，J	具有明火设备或高温的作业场所，如：动火区，各种焊接、切割、锻造、浇注车间等场所

续表

编号	图形标志	名称	标志种类	设置范围和地点
1-6		禁止堆放 No stocking	J	消防器材堆放处、消防通道及车间主通道等
1-7		禁止启动 No starting	J	暂停使用的设备附近，如：设备检修、更换零件等
1-8		禁止合闸 No switching on	J	设备或线路检修时，相应开关附近
1-11		禁止乘人 No riding	J	乘人易造成伤害的设施，如：室外运输吊篮、外操作载货电梯框架等
1-12		禁止靠近 No nearing	J	不允许靠近的危险区域，如：高压试验区、高压线、输变电设备的附近

续表

编号	图形标志	名称	标志种类	设置范围和地点
1-13		禁止入内 No entering	J	易造成事故或对人员有伤害的场所，如：高压设备室、各种污染源等入口处
1-15		禁止停留 No stopping	H，J	对人员具有直接危害的场所，如：粉碎场地、危险路口、桥口等处
1-16		禁止通行 No throug-hfare	H，J	有危险的作业区，如：起重、爆破现场，道路施工工地等
1-17		禁止跨越 No striding	J	禁止跨越的危险地段，如：专用的运输通道、带式运输机和其他作业流水线，作业现场的沟、坎、坑等
1-18		禁止攀登 No climbing	J	不允许攀爬的危险地点，如：有坍塌危险的建筑物、构筑物、设备旁

续表

编号	图形标志	名称	标志种类	设置范围和地点
1-24		禁止触摸 No touching	J	禁止触摸的设备或物体附近，如：裸露的带电体，炽热物体，具有毒性、腐蚀性物体等处
1-27		禁止抛物 No tossing	J	抛物易伤人的地点，如：高处作业现场、深沟（坑）等
1-28		禁止戴手套 No putting on gloves	J	戴手套易造成手部伤害的作业地点，如：旋转的机器加工设备附近

2. 警告标志

编号	图形标志	名称	标志种类	设置范围和地点
2-1		注意安全 Warning danger	H，J	易造成人员伤害的场所及设备等

续表

编号	图形标志	名称	标志种类	设置范围和地点
2-2		当心火灾 Warning fire	H，J	易发生火灾的危险场所，如：可燃性物质的生产、储运、使用等地点
2-3		当心爆炸 Warning explosion	H，J	易发生爆炸危险的场所，如：易燃易爆物质的生产、储运、使用或受压容器等地点
2-5		当心中毒 Warning poisoning	H，J	剧毒品及有毒物质（《危险货物品名表》GB 12268—2005 中第 6 类第 1 项所规定的物质）的生产、储运及使用场所
2-7		当心触电 Warning electric shock	J	有可能发生触电危险的电器设备和线路，如：配电室、开关等
2-8		当心电缆 Warning cable	J	在暴露的电缆或地面下有电缆处施工的地点

续表

编号	图形标志	名称	标志种类	设置范围和地点
2-10		当心机械伤人 Warning mechanical injury	J	易发生机械卷入、扎压、碾压、剪切等机械伤害的作业地点
2-11		当心塌方 Warning collapse	H，J	有塌方危险的地段、地区，如：堤坝及土方作业的深坑、深槽等
2-14		当心落物 Warning falling objects	J	易发生落物危险的地点，如：高处作业、立体交叉作业的下方等
2-15		当心吊物 Warning overhead load	J，H	有吊装设备作业的场所，如：施工工地、港口、码头、仓库、车间等
2-16		当心碰头 Warning overhead obstacles	J	有产生碰头的场所

续表

编号	图形标志	名称	标志种类	设置范围和地点
2-18		当心烫伤 Warning scald	J	具有热源易造成伤害的作业地点，如：冶炼、锻造、铸造、热处理车间等
2-19		当心夹手 Warning hands pinching	J	有产生挤压的装置、设备或场所，如：自动门、电梯门等
2-21		当心扎脚 Warning splinter	J	易造成脚部伤害的作业地点，如：铸造车间、木工车间、施工工地及有尖角散料等处
2-34		当心坠落 Warning drop down	J	易发生坠落事故的作业地点，如：脚手架、高处平台、地面的深沟（池、槽）、建筑施工、高处作业场所等

3. 指示标志

编号	图形标志	名称	标志种类	设置范围和地点
3-6		必须戴安全帽 Must wear safety helmet	H	头部易受外部伤害的作业场所，如：矿山、建筑工地、伐木场、造船厂及起重吊装处等
3-8		必须系安全带 Must fasten safety belt	H，J	易发生坠落危险的作业场所，如：高处建筑、修理、安装等地点
3-10		必须穿防护服 Must wear protective clothes	H	具有放射、微波、高温及其他需穿防护服的作业场所
3-11		必须戴防护手套 Must wear protective gloves	H，J	易伤害手部的作业场所，如：具有腐蚀、污染、灼烫、冰冻及触电等危险的作业地点
3-12		必须穿防护鞋 Must wear protective shoes	H，J	易伤害脚部的作业场所，如：具有腐蚀、触电、砸（刺）伤等危险的作业地点

续表

编号	图形标志	名称	标志种类	设置范围和地点
3-14		必须加锁 Must be locked	J	剧毒品、危险品库房等地点

4. 提示标志

编号	图形标志	名称	标志种类	设置范围和地点
4-1		紧急出口 Emergent exit	J	便于安全疏散的紧急出口处，与方向箭头结合设在通向紧急出口的通道、楼梯口等处
4-2		避险处 Haven	J	铁路桥、公路桥、矿井及隧道内躲避危险的地点
4-4		可动火区 Flare up region	J	经有关部门划定的可使用明火的地点

续表

编号	图形标志	名称	标志种类	设置范围和地点
4-6		急救点 First aid	J	设置现场急救仪器设备及药品的地点
4-7		应急电话 Emergency telephone	J	安装应急电话的地点

参 考 文 献

[1] 建筑施工安全生产培训教材编写委员会．建设工程安全生产法律法规[M]. 北京：中国建筑工业出版社，2017.

[2] 建筑施工安全生产培训教材编写委员会．建设工程安全生产管理[M]. 北京：中国建筑工业出版社，2017.

[3] 建筑施工安全生产培训教材编写委员会．建筑施工安全生产技术(土建)[M]. 北京：中国建筑工业出版社，2017.

[4] 建筑施工安全生产培训教材编写委员会．建筑施工安全生产技术(机械)[M]. 北京：中国建筑工业出版社，2017.

[5] 国家安全生产、劳动保护法制教育丛书编委会．安全生产、劳动保护综合管理法规读本[M]. 北京：中国劳动社会保障出版社，2007.

[6] "国家安全生产法制教育丛书"编委会．伤亡事故防范及调查处理法规读本[M]. 北京：中国劳动保障出版社，2009.

[7] "国家安全生产法制教育丛书"编委会．劳动防护用品管理法规读本[M]. 北京：中国劳动社会保障出版社，2010.

[8] 住房和城乡建设部工程质量安全监管司．建筑施工特种作业人员安全技术考核培训教材[M]. 北京：中国建筑工业出版社，2009.

[9] 那建兴，田占稳．建筑施工特种作业安全生产基本知识[M]. 北京：中国铁道出版社，2009.

[10] 阚咏梅，曹安民．建筑施工特种作业人员培训教材[M]. 北京：中国建筑工业出版社，2017.

[11] 建设部干部学院．建筑施工安全技术与管理[M]. 武汉：华中科技大学出版社，2009.

[12] 王海滨、蔡敏、陈南军、王萍、张磊．工程项目施工安全管理[M]. 北京：中国建筑工业出版社，2013.

[13] 刘尊明、朱峰．建筑施工安全技术与管理[M]. 北京：人民邮电出版社，2014.

[14] 戴明月．建筑施工现场安全细节详解[M]. 北京：化学工业出版社，2015.

［15］ 高向阳．建筑施工安全管理与技术[M]．北京：化学工业出版社，2016.
［16］ 江辉．建筑施工安全技术与管理[M]．北京：中国电力出版社，2005.
［17］ 罗云．建筑施工安全管理全书[M]．北京：中国建材工业出版社，1998.
［18］ 广州市建筑集团有限公司．实用建筑施工安全手册[M]．北京：中国建筑工业出版社. 1999.
［19］ 公安部消防局组织编写．消防安全技术综合能力[M]..北京：机械工业出版社．2014.
［20］ 公安部消防局组织编写．消防安全技术实务[M]．北京：机械工业出版社．2014.
［21］ 公安部消防局组织编写．消防安全案例分析[M]．北京：机械工业出版社．2014.
［22］ 张东普、董定龙．生产现场伤害与急救[M]．北京：化学工业出版社，2005.
［23］ 张光武．现场急救及护理知识[M]．北京：金盾出版社，2009.
［24］ 王一镗、茅志成．现场急救常用技术[M]．北京：中国医药科技出版社，2006.
［25］ 于维英、张玮．职业安全与卫生[M]．北京：清华大学出版社，2008.
［26］ 陈沅江、吴超、吴桂香．职业卫生与防护[M]．北京：机械工业出版社，2009.
［27］ 丁士昭、商丽萍．建设工程项目管理[M]．北京：中国建筑工业出版社，2011.
［28］ 肖绪文．建筑工程绿色施工[M]．北京：中国建筑工业出版社，2013.